NOUVELLE

THÉORIE PHYSIQUE.

ERRATA.

Page 45, au n° 25 de la liste des métaux, *au lieu de* opnium, *lisez :* osmium.

Page 81, ligne 9, *au lieu de* courant conducteur, *lisez :* courant inducteur.

LYON.

IMPRIMERIE DE LOUIS PERRIN, RUE D'AMBOISE, 6.

1854.

NOUVELLE
THÉORIE PHYSIQUE

ou

ÉTUDES ANALYTIQUES ET SYNTHÉTIQUES

SUR LA PHYSIQUE ET SUR LES ACTIONS CHIMIQUES
FONDAMENTALES,

Par F.-Aug^{te} DURAND

(DE LUNEL),

Docteur en médecine,
chevalier de l'ordre impérial de la Légion-d'Honneur,
ex-médecin-major des Hôpitaux militaires de Paris et de Lyon,
médecin-major de 1re classe attaché à l'armée expéditionnaire d'Orient,
correspondant de la Société de Médecine de Lyon,
etc.

PARIS,

CHEZ J.-B. BAILLIÈRE,

LIBRAIRE DE L'ACADÉMIE IMPÉRIALE DE MÉDECINE,
rue Hautefeuille, 19,

ET DANS LES PRINCIPALES LIBRAIRIES SCIENTIFIQUES.

—

- 1854.

AVANT-PROPOS.

———

Lorsque j'ai commencé ce travail, je le destinais à servir d'introduction à des études *analytiques et synthétiques*, encore inédites, *sur la physiologie du système nerveux*. Je ne prévoyais pas alors que dans son développement il dût devenir trop étendu et trop spécial pour une introduction.

Convaincu que, si les sciences physiques ne peuvent fournir à la physiologie tous ses éléments constitutifs, on ne doit pas cependant cesser de leur demander ce qu'elles peuvent lui donner, je m'étais mis à la recherche, selon mon but physiologique, de quelques faits physiques analogues entre eux et çà et là dispersés dans les archives de la science : mais leur analyse me conduisit bientôt à leur coordination en quelques formules générales ; et celles-ci, rapprochées d'une loi analogue déjà fort connue, me portèrent, pour ainsi dire à mon insu, à une synthèse générale. Toutefois, comme une synthèse sans déductions, c'est-à-dire sans vérification, n'est pas encore digne de son titre, je dus me mettre à parcourir la série des phénomènes physiques et à saisir les rapports qu'ils pouvaient présenter avec mes principes généraux. Ainsi s'est par degrés constitué cet ouvrage.

On le voit, j'ai justement suivi, pour arriver à des solutions physiques générales et particulières, la

marche tracée par l'immortel François Bâcon, dont
voici le code : « Les faits particuliers doivent précé-
der les faits généraux dans les recherches philoso-
phiques, les vérités générales étant tardives de leur
nature. — Un fait observé et décrit devient à l'instant
un élément de la science. — Un recueil de faits bien
observés et classés avec ordre peut conduire à découvrir les lois et les causes. — Quand les faits n'étaient
pas réunis en corps de science, la science n'existait
pas, attendu qu'elle se compose non-seulement de la
connaissance des faits, mais encore de leur rapport
mutuel, et des lois qui lient ces faits entre eux. »

Ai-je bien marché dans ce travail conformément à
ce programme ? Certes, je n'ai pas la prétention de
présenter une doctrine physique complète et parfaite.
Les faits particuliers que j'ai réunis dans mon analyse sont nombreux, mais, faute jusque-là d'efforts
généralisateurs, on ne les avait pas encore interprétés
selon la valeur que je leur reconnais : mes inductions sont donc le résultat de nouvelles interprétations que le monde savant jugera. Je n'ai pas abordé,
à la suite de ma synthèse, absolument tous les phénomènes physiques ; mais il est clair qu'une synthèse
générale n'envisage que les faits ressortant des
forces générales, et que, comme il y a dans la matière
des conditions particulières qui sont même indépendantes des forces et qui en modifient souvent les effets,
je n'ai pu grouper autour de mes principes que les
phénomènes d'origine générale, et j'ai dû quelquefois

négliger celles de leurs particularités qui s'offraient à moi avec un caractère trop effrayant de complexité.

Ainsi, cette doctrine physique est susceptible de bien d'extension, de bien d'améliorations, et sans doute aussi de bien des corrections : mais si, telle qu'elle est, elle m'a paru satisfaire à la solution des problèmes physiques fondamentaux, je n'hésite pas à la livrer à la publicité. Non pas que je me flatte de son succès immédiat; car, si les déductions vérifient les synthèses, l'expérience ne perd pas ses droits et vient elle-même confirmer les déductions, ce qui ne s'opère souvent que par le travail prolongé des siècles : mais il est clair que, étant donnée une doctrine qui satisfait l'esprit de son fondateur, celui-ci doit au moins désirer de la voir présente dans les casiers de la science, pour le jour où cette science, s'apercevant que ses bases doctrinales sont fausses ou insuffisantes, en cherchera d'autres.

Maintenant, sera-ce la doctrine que j'expose qui répondra aux futures exigences de la physique? je l'ignore : mais, à coup sûr, si elle rend mieux compte des phénomènes que la doctrine qui l'a précédée, il y a lieu d'affirmer qu'elle servira au moins d'échelon à celle qui la suivra.

Que l'on ne préjuge rien, du reste, sur la qualité de cette doctrine : les analogies sont au moins pour elle; car j'annonce qu'elle n'est qu'une extension de la doctrine de l'*attraction,* mais du moins avec sa spécification selon le *mode électrique*, dans presque toutes les circonstances phénoménales de la physique et de la chimie. Ce que Newton n'avait pu faire avec les éléments de son temps, j'ai cru pouvoir le faire avec les éléments du mien; j'ai cru pouvoir le faire pour la physique, comme j'ai commencé et comme je continuerai à le faire pour la partie physique de la physiologie.

Me suis-je trop hâté? ai-je, comme on dit, devancé mon époque en publiant de pareils travaux? Non, car nulle science ne se constitue par le seul hasard des faits; non, car, dès que l'analogie de certains d'entre eux est trouvée, et dès que leur signification générale a répandu quelques clartés, même mêlées d'ombres, sur un ou plusieurs rameaux de l'arbre scientifique, cet arbre doit à coup sûr grandir dans toutes ses parties; non, car il est dans les destinées de toute science d'être esquissée avec peu d'éléments, avant d'être définitivement constituée; non enfin, car, si je me taisais aujourd'hui, un autre dirait demain ce que j'ai à dire, et, sans se tourmenter des conséquences de sa rupture avec la routine de son époque, attendrait patiemment du bon sens général, de l'expérience et du temps, la consécration ou le rejet de son œuvre.

NOUVELLE

THÉORIE PHYSIQUE.

PREMIÈRE PARTIE.

ANALYSE ET INDUCTIONS.

Une grande obscurité règne encore, en physique, sur les influences réciproques des trois agents impondérables, électricité, lumière et calorique. Cependant trois agents qui, selon les circonstances, se manifestent dans les corps, sans qu'il soit besoin de les y introduire en nature, et qui, par conséquent, y étaient auparavant renfermés à l'état latent ; trois agents que l'on sait pouvoir se manifester dans un corps, sous la seule influence de l'un d'eux, doivent avoir entre eux des rapports très intimes dont il serait important de déterminer les lois.

En 1843, recherchant dans un ouvrage de physiologie (1) quelles sont les circonstances électriques qui peuvent accompagner les impressions de calorique et de lumière, j'avais cru devoir conclure, après l'examen de certains faits, que l'un et l'autre de ces agents exercent sur les corps une influence électro-positive.

En effet, quant au calorique, j'avais particulièrement cité les expériences de M. Becquerel, desquelles il résulte que, dans la transmission du calorique, les parties chaudes prennent aux parties froides de l'électricité négative et leur cèdent de l'électricité positive (2).

Quant à la lumière, j'avais rappelé, d'une part, les expériences de Ritter, qui s'est assuré que les objets paraissent plus grands, plus nets et plus brillants à un œil électrisé positivement qu'à un œil électrisé négativement ; et, d'autre part, ce fait bien connu en physique, dans lequel on voit un ruban blanc frotté contre un ruban noir prendre l'électricité positive, alors que celui-ci prend l'électricité négative. Effectivement, le premier fait me signalait l'électricité positive comme un adjuvant, dans cette circonstance, du fluide lumineux ; le second m'indiquait assez clairement que l'électricité positive est repoussée du corps qui, tel que le ruban noir, a absorbé tous les rayons lumineux, et est, au con-

(1) *Nouvelle Théorie de l'action nerveuse et des principaux phénomènes de la vie*, Paris, 1843-1845, chap. v.

(2) BECQUEREL, *Éléments d'électro-chimie*, Paris, 1845, p. 59 et suiv.

traire, attirée vers le corps qui, tel que le ruban blanc,
n'en a absorbé aucun.

Je viens, dans la première partie de ce travail,
fortifier et faire fructifier mon ancienne proposition,
à savoir, que le calorique et la lumière se conduisent,
vis-à-vis des corps pondérables, à la manière d'agents
électro-positifs ; comparer leurs modes respectifs
d'action à cet égard, et comparer enfin sous ce point
de vue les influences de leurs divers éléments. Je
réunirai le plus de faits que je pourrai tendant à ce
triple but. — Ces faits existent épars dans la science,
mais aucun d'eux n'a été interprété ni commenté dans
ce sens.—De là, je me porterai à des inductions générales sur les rapports de l'électricité, de la lumière
et du calorique. Ainsi se trouveront préparés, ce me
semble, les éléments d'une synthèse physique générale et des données importantes pour les solutions
particulières d'un grand nombre de problèmes de
physique et de chimie relatifs aux trois agents en
question ; synthèse et solutions que j'aurai le soin
de développer dans une seconde partie de ce travail.

Voici l'exposé des faits :

1º. De l'eau chaude, remplissant une capsule et
mise en communication, au moyen d'une mèche de
coton, avec de l'eau froide contenue dans une autre
capsule, échange avec celle-ci de l'électricité. C'est
ce dont on peut s'assurer en plongeant dans les cap-
sules deux lames de platine fixées aux deux bouts du

fil du galvanomètre. Comme l'indique alors l'aiguil de l'instrument, l'eau froide prend l'électricité positive, et l'eau chaude l'électricité négative.

2° Si deux corps de même nature, mais d'inégale température, par exemple, deux lames de verre ou deux morceaux de liége, sont frottés ou pressés l'un contre l'autre, celui dont la température était d'abord la plus élevée prend à l'autre l'électricité négative et lui cède l'électricité positive (1).

3° Si, d'une part, on introduit un fil de platine dans un tube de verre fermé à la lampe par l'une de ses extrémités, et que l'on fasse communiquer le bout libre du fil avec le plateau supérieur d'un condensateur platiné ou doré, en touchant du doigt le plateau inférieur; si, d'autre part, l'on enroule sur l'extrémité du tube qui a été fermée le bout a d'un fil de platine dont le bout libre b communique avec le sol, et que l'on échauffe la partie enroulée jusqu'à l'incandescence, on voit le fil intérieur transmettre au condensateur une charge très sensible d'électricité positive (2).

4° Si, après avoir fixé aux deux extrémités du fil d'un multiplicateur deux fils de platine parfaitement homogènes et terminés en spirale, on plonge une de ces spirales dans la flamme d'une lampe à alcool, si

(1) BECQUEREL, ouvr. cité, p. 21 et 24.
(2) BECQUEREL, ouvr. cité, p. 39 et 40.

on la retire quand elle est rouge, et si on la pose alors sur celle qui est à la température ordinaire, on voit s'établir aussitôt un courant électrique, dont la direction est telle, que le bout qui s'échauffe prend à l'autre l'électricité positive (1).

Le même phénomène a lieu avec des métaux meilleurs conducteurs que le platine; mais il faut alors que l'une des spirales soit légèrement oxidée, afin de diminuer la conductibilité du métal : ce qui veut dire que l'électricité ne devient manifeste qu'à la condition que le calorique rencontre des obstacles sur son passage.

Toutefois, il faut le dire, on peut obtenir des effets variables et même inverses aux précédents en agissant avec certains métaux oxidables, susceptibles de cristallisation ou ordinairement impurs, tels que le fer, le zinc, l'antimoine, l'étain et le plomb : mais il est prouvé que ces conditions modifient le mode ordinaire de propagation de la chaleur ; elles ont donc à modifier le développement de l'électricité, en tant qu'il est mis en jeu par l'influence du calorique.

5° Les corps comburants sont des corps très électro-négatifs. L'oxigène est à leur tête, et il est celui qui, dans ses combinaisons avec les autres corps, est susceptible de donner lieu aux plus grandes manifestations de lumière et de calorique. Au contraire, quand les corps électro-positifs, les combustibles, se

____

(1) Becquerel, ouvr. cité, p. 41.

combinent entre eux, ils donnent à peine lieu, en général, à quelques phénomènes de simple chaleur. On
voit par ce double fait que les corps les plus électro-
négatifs sont ceux qui, en recevant pendant la combustion le plus d'électricité positive, émettent le plus
de calorique et de lumière. S'il en est ainsi, il faut
considérer l'électricité positive comme la plus apte,
en se combinant avec les molécules des corps, à en
repousser le calorique et la lumière qu'elles tiennent
à l'état latent, et considérer dès-lors ces deux fluides
plutôt comme des agents électro-positifs que comme
des agents électro-négatifs.

6° Je n'aurais pas besoin de revenir ici sur ce fait,
qu'un ruban blanc frotté contre un ruban noir prend
l'électricité positive, tandis que celui-ci prend l'électricité négative, si je n'avais à faire remarquer que
cette expérience milite aussi bien en faveur de l'influence électro-positive du calorique qu'en faveur de
celle de la lumière. Il y a, en effet, du calorique dé-
gagé pendant le frottement : or l'on sait que le pouvoir absorbant de la couleur noire, s'il s'exerce très
bien sur le fluide lumineux, s'exerce assez bien encore sur le calorique ; tandis que la couleur blanche,
qui n'absorbe nullement le premier, n'absorbe que
fort peu le second.

7° M. Ed. Becquerel, plongeant aux trois quarts
dans une solution alcaline à base fixe deux plaques
d'or ou de platine préalablement chauffées au rouge, et
soumettant l'une d'elles à l'action d'un rayon solaire,

pendant que l'autre était tenue dans l'obscurité, a vu un courant se diriger de la première à la seconde (1).

Le résultat de l'expérience a été inverse, il est vrai, quand les plaques étaient plongées dans une solution acide; ce qui a pu jusqu'à présent laisser ce genre de faits sans conclusion. Mais je fais remarquer ceci : dans le cas où la solution était acide, le courant était presque nul si les plaques étaient très nettes; il était plus fort quand elles venaient d'être chauffées au rouge, que lorsqu'elles avaient été mises pendant plusieurs jours en contact avec l'eau ; enfin il se dirigeait de la plaque éclairée à la plaque non éclairée, lorsque les plaques étaient formées d'un métal forte-ment oxidé. S'il en a été ainsi, il est plus que proba-ble que, lorsque la solution était acide, il se formait, sous l'influence solaire, une altération quelconque du métal ou des corpuscules qui peuvent y adhérer. Or la seule altération que l'on puisse concevoir en pareil cas, d'après la direction du courant, serait celle que produirait, sous l'influence en question, l'action des vapeurs acides dégagées de la solution. En effet, cette action, d'une part, s'exerce assez bien quand les plaques ne sont ni trop nettes ni trop oxi-dées, mais ne peut plus s'exercer quand elles sont recouvertes d'une épaisse couche d'oxide mettant obstacle à l'action des vapeurs acides sur la partie du métal éclairé laissée hors du liquide ; et, d'autre part, elle tend réellement, d'après les lois de l'électro-chi-mie, à faire passer de l'électricité négative dans la

____

(1) Becquerel, *Elém. d'électro-chim.*, p. 86 et suiv.

plaque éclairée, et, par conséquent, à contrarier sur celle-ci les effets électriques de la lumière solaire.

Il est clair, du reste, quel que soit le genre de l'altération en question, que la solution acide tend bien plus à réagir sur les métaux que la solution alcaline, et que, dès-lors, c'est aux résultats plus simples obtenus dans cette dernière qu'il faut s'attacher, comme je l'ai fait, pour porter des conclusions sur la qualité électrique de la lumière solaire.

8° M. Beckensteiner (1) a fait l'expérience suivante : une grosse boule de cuivre jaune a été suspendue par un cordon de soie entre deux poteaux : à sa partie inférieure était fixée par un fil métallique une plaque d'argent plongeant aux trois quarts dans un vase contenant de l'eau alcaline. Un autre fil métallique, enfoncé par un de ses bouts dans le sol, et par l'autre bout se recourbant au-dessus du vase, a porté dans celui-ci une lame de cuivre qui, plongeant aussi aux trois quarts dans le liquide, y a été placée à quelques centimètres de la première lame. Etant établie cette disposition, M. Beckensteiner a dirigé les rayons solaires sur l'appareil, et il a bientôt reconnu qu'une légère gaze métallique se portait de la lame d'argent à la lame de cuivre et finissait par s'y déposer.

Ce phénomène galvanoplastique ne s'est pas manifesté à l'ombre ; il a été plus intense de midi au coucher du soleil que du lever de cet astre à midi ; il n'a pu être observé qu'en été.

(1) *Comptes rendus de l'Acad. des Sciences*, séance du 21 février 1855.

Si l'on se rappelle que, dans les faits galvanoplastiques, les molécules du métal transporté le sont dans le sens du courant, on pourra aisément conclure de cette expérience et des trois dernières particularités notées, qui prouvent que le phénomène observé n'a eu lieu que selon une certaine intensité des rayons solaires, on pourra aisément conclure, dis-je, que le calorique et la lumière solaires exercent sur les corps une influence électro-positive.

9° Les rayons lumineux tendent à faire dégager des composés qui en contiennent l'oxigène, le chlore, le brôme, l'iode et divers autres corps électro-négatifs.

10° Quoi de plus remarquable encore que l'influence de la lumière solaire sur les végétaux qui, pendant le jour, exhalent de l'oxigène, et l'absorbent, au contraire, pendant la nuit?

11° Personne n'ignore quelle est l'influence de la lumière solaire sur l'accroissement et la coloration des plantes. M. Payer a particulièrement exposé (1) que, en faisant croître des plantes dans une chambre éclairée par une seule fenêtre, il avait vu les tiges se diriger vers la lumière, et les racines vers les points les plus obscurs de l'appartement. Or, à propos de ce fait, j'ai une remarque fort importante à faire : en

____

(1) *Comptes rendus de l'Acad. des Sciences*, séance du 6 novembre 1845.

examinant la constitution d'une plante, il est aisé de
s'apercevoir que celles de ses parties qui sont exposées
à la lumière solaire sont surtout composées d'acides,
tels que les acides verdeux, verdique, oxalique, mali-
que, tartrique, acétique, citrique, gallique, tanni-
que, etc., etc.; tandis que ses parties centrales et
inférieures contiennent plutôt des substances neutres,
terreuses, salines ou alcalines, à bases de chaux, de
potasse, de magnésie, de soude, etc., etc. Mais les
acides sont électro-négatifs, et ces dernières substances sont électro-positives ou neutres. La lumière fait
ainsi du végétal un véritable couple voltaïque, dont
elle attire l'élément négatif et repousse l'élément positif. Elle opère donc comme un agent électro-positif.

12° D'après les expériences consignées dans les
dernières éditions du Traité de chimie de M. Thénard,
l'oxigène ne devient pas lumineux, comme les autres
gaz, sous le jeu de la pompe à compression. N'est-ce
pas parce que, en qualité du gaz le plus électro-négatif,
il laisse moins bien échapper de ses molécules l'agent
lumineux, électro-positif, qu'elles retiennent à l'état
latent?

13° Toute machine électrique, positive ou négative,
rend par son jeu l'oxigène lumineux, seulement les
aigrettes de la machine négative sont moins longues
et moins divergentes que celles de la machine positive. On ne peut comprendre ce phénomène sans
admettre l'influence électro-positive du fluide lumineux. Dans cette supposition, en effet, la machine

négative tend à attirer de l'oxigène une certaine quantité du fluide positif et du fluide lumineux qui s'y trouvent à l'état latent : mais l'oxigène est un corps très électro-négatif de sa nature, devenant, dans le cas en question, éventuellement électro-positif relativement au conducteur de la machine, et forcé de lui céder les fluides de qualité positive avec lesquels ses molécules sont associées : or, s'il est très électro-négatif de sa nature, il est clair qu'il ne cède ces fluides qu'à regret ; ce qui explique le peu d'étendue et le peu de divergence des aigrettes électriques. Au contraire, la machine positive lance du fluide électro-positif sur l'oxigène qui, comme agent électro-négatif, l'absorbe vivement et laisse dès-lors dégager, par voie de déplacement, une grande quantité de fluide lumineux.

14° Berzélius a remarqué que lorsqu'on chauffe quelques antimonites, la zircône, le sesquioxide de fer et l'oxide de chrôme, ils paraissent tout-à-coup embrasés lorsqu'ils sont arrivés à une certaine température, et deviennent généralement moins attaquables par les acides.

Ce fait a une double portée : il ne prouve pas seulement, avec divers phénomènes de phosphorescence, qne le calorique, en s'accumulant sur un corps, peut, avant même d'avoir atteint le degré ordinaire du calorique lumineux, en déplacer tout-à-coup une grande quantité de lumière qui s'y trouvait à l'état latent ; il vient démontrer encore que le corps, ainsi privé d'une certaine quantité de sa lumière latente, devient plus électro-négatif, puisqu'il est moins attaquable par les acides, et que, par conséquent, la lumière exerce sur les corps une influence électro-positive, et plus électro-positive que celle du calorique qui, dans le cas dont il s'agit, tend à se substituer à elle.

Les faits que je vais rapporter ne démontreront pas seulement que le fluide lumineux se conduit comme un agent électro-positif : ils démontreront encore que le pouvoir électro-positif est inégalement réparti entre les divers rayons primitifs; que, dans le spectre solaire, il va toujours en augmentant du rayon rouge au rayon violet, et, en conséquence, que les rayons calorifiques, qui, comme on le sait, dépassent en dehors du spectre le rayon rouge, jouissent, dans leur généralité, d'une influence moins électro-positive que celle des rayons lumineux.

15° Schéele reconnut que les rayons les plus réfrangibles du spectre solaire brunissaient plus que les moins réfrangibles le papier enduit de chlorure d'argent, c'est-à-dire, séparaient mieux le chlore de l'argent.

16° On sait que lorsqu'une solution d'iodure alcalin contient beaucoup de sel d'argent noirci, tout le sel d'argent noirci, ou, si l'on veut, tout l'argent réduit, se change promptement en iodure et blanchit, si la solution est étendue sur du papier; mais que, lorsque la solution d'iodure est faible, le papier ne blanchit que sous l'action de la lumière. Eh bien!

M. Herschel a constaté que, lorsque la couche d'iodure est très faible, le papier blanchit dans les rayons les plus réfrangibles du spectre solaire et reste plus noir dans sa partie la moins réfrangible : d'où il résulte, sans nul doute, que les rayons les plus réfrangibles sont ceux qui agissent le mieux à l'instar de la lumière blanche, dont l'action est déjà reconnue électro-positive.

17° J'ai déjà dit que M. Ed. Becquerel avait vu les rayons solaires, tombant sur des lames d'or ou de platine ou bien sur des lames oxidées, s'y comporter de telle manière que j'ai pu en conclure qu'ils agissaient, dans ces circonstances, comme des agents électro-positifs. Après cela, le même expérimentateur (1) voulant apprécier, dans le même genre d'expériences, le rôle de chacun des rayons du spectre solaire, obtint ces rayons à travers des écrans de diverses couleurs et constata que, dans l'ordre du spectre, les résultats des expériences étaient d'autant plus marqués et d'autant plus en rapport avec les résultats obtenus au moyen des rayons solaires non décomposés, que l'on allait du rouge au violet.

Si j'ai déjà pu conclure, à la suite des expériences de M. Ed. Becquerel et d'un grand nombre d'autres, que les rayons non décomposés sont doués d'une influence électro-positive, j'ai le droit de conclure, à la suite de celles que je viens de rapporter, que les rayons élémentaires, étudiés chacun séparément, se mon-

(1) BECQUEREL, ouv. cité, p. 86 et suiv.

trent de plus en plus électro-positifs du rouge au violet.

18° Deux autres genres de faits, célèbres en physi-que, que je réunis dans le même article, parce qu'ils ont la même signification directe, vont militer en faveur de la loi que je poursuis.

Newton, faisant passer les rayons solaires par une lame mince d'air, comprise entre une lentille bi-convexe et un verre plan, et dont l'épaisseur allait ainsi en augmentant de dedans en dehors, obtint autour du point de contact des deux verres plusieurs séries d'anneaux lumineux, présentant chacune les diverses nuances du spectre, de manière que les nuances les plus réfrangibles étaient les plus inté-rieures et les nuances les moins réfrangibles les plus extérieures : il observa et calcula que les épaisseurs de la lame d'air, exigées pour l'apparition de chaque couleur au-dessus de la surface du verre plan, allaient en augmentant, dans un rapport déterminé, du violet au rouge.

Fresnel calcula, au moyen d'expériences directes sur la lumière diffractée, que la longueur des ondes de chaque rayon du spectre allait aussi en augmen-tant dans le même sens.

Les résultats mathématiques obtenus par les deux illustres physiciens se sont trouvés entre eux dans un rapport tellement remarquable, qu'il n'est plus dou-teux aujourd'hui que les ondes des divers rayons co-lorés ne diffèrent d'amplitude, et que cette ampli-tude n'aille en croissant, dans l'ordre du spectre, du rayon violet au rayon rouge.

Maintenant qu'il paraît certain que la lumière est douée d'une influence électrique, il est peut-être facile, tout en s'expliquant le commun résultat des expériences de Newton et de Fresnel, de le faire servir aux démonstrations que je recherche. L'air atmosphérique est composé de deux gaz éminemment électro-négatifs qui, par ce fait, attirent et tendent à absorber les agents électro-positifs ; or, si les lames minces d'air comprennent moins de couleur de chaque rayon primitif en allant du rouge au violet, et si les ondes des rayons du spectre deviennent de moins en moins longues dans le même sens, il est à penser que la faculté absorbante de l'air pour les rayons lumineux augmente du rouge au violet, et que, par conséquent, la qualité électro-positive des rayons du spectre va croissant dans le même sens.

Ce que je viens de dire de l'air atmosphérique comme milieu de la lumière, peut aussi bien s'appliquer à tout autre corps transparent, si, comme il n'est plus permis d'en douter d'après tout ce qui a été exposé plus haut, les rayons lumineux se comportent, relativement aux corps pondérables, comme des agents électro-positifs.

Les quatre ou cinq derniers faits que je viens de présenter me permettront enfin de porter une conclusion relative au rôle électrique de la lumière comparée au calorique. Si l'on considère, en effet, d'une part, qu'en général la lumière se déplace de la substance des corps plus tard que le calorique, et, d'autre part, que les rayons calorifiques se trouvent situés dans la partie la moins réfrangible du spectre solaire, on aura la conviction que les rayons lumineux, considérés en eux-mêmes, exercent sur les corps une influence électro-positive et plus électro-positive que celle qu'exercent sur ces corps les rayons calorifiques.

Il résulte de tout ce qui vient d'être exposé la confirmation de ce que j'avais énoncé en 1843, à savoir, que le calorique et la lumière se conduisent à l'égard des corps pondérables comme des agents électro-positifs. Il en résulte encore que l'influence du calorique est moins électro-positive que celle de la lumière, et enfin que, dans le spectre solaire, les divers rayons élémentaires se montrent d'autant plus électro-positifs qu'ils sont plus réfrangibles.

Une objection semble venir s'opposer à une partie de cette conclusion, à celle qui concerne le pouvoir électrique du calorique. Elle peut être rapportée à M. Becquerel qui, malgré les nombreux résultats obtenus par lui, qui m'ont permis de démontrer l'influence électro-positive de ce fluide, nie cependant la polarité électrique des atomes sous son action ; ce qui semble devoir infirmer cette influence électrique elle-même.

Ce physicien appuie sa négation sur ce fait, que la tourmaline, qui donne des signes de polarité électrique pendant son échauffement et pendant son refroidissement, cesse d'en donner quand sa température est stationnaire, c'est-à-dire, quand ce corps, déjà échauffé, est entouré d'une atmosphère dont la température est égale à la sienne (1).

(1) BECQUEREL , ouv. cité, p. 50 et suiv.

Mais M. Becquerel démontre-t-il réellement que l'influence du calorique ne suscite aucune polarité dans les atomes? C'est ce qu'il s'agit d'examiner.

L'honorable professeur reconnaît qu'un prisme de tourmaline suspendu dans un cylindre de verre, entre les deux pôles d'une pile sèche *pénétrant eux-mêmes dans ce cylindre*, dirige ses extrémités vers ces pôles, pendant qu'on l'échauffe ou qu'on le refroidit. Ce sont là des signes non équivoques de polarité : nous verrons plus tard comment les explique M. Becquerel. Ce physicien n'observe plus, il est vrai, ces signes quand la température est en équilibre entre les diverses parties de la tourmaline et entre la tourmaline et son atmosphère, c'est-à-dire l'air compris dans le cylindre de verre, et il en conclut que l'influence du calorique ne provoque pas de polarité dans les atomes des corps. Mais je dois faire observer, d'une part, que la tourmaline entourée d'une atmosphère dont la température est exactement égale à la sienne se trouve, quelque élevée que soit cette température, dans le cas simple de tous les corps à l'état normal, c'est-à-dire en équilibre, non-seulement de température, mais encore d'électricité pouvant provenir de cette température, entre ses diverses parties et avec son entourage. Je dois faire observer, d'autre part, que, si le calorique est susceptible de provoquer la moindre tension électrique, cette tension ne peut avoir lieu immédiatement autour de la tourmaline, mais bien autour de son atmosphère, aux limites du chaud et du froid, et que dès-lors il n'y a pas lieu aux moindres signes de polarité dans l'intérieur même de cette atmosphère, alors même que le calorique serait réellement doué d'un pouvoir électrique propre.

Du reste, que l'on ne s'exagère pas l'intensité de cette polarité, si elle doit avoir lieu ; il ne s'agit pas de considérer le calorique comme de l'électricité, mais bien comme un corps ou agent doué, à la manière de plusieurs autres corps, d'une simple tendance électro-positive. Quant à l'électricité évidemment mise en tension aux deux extrémités de la tourmaline, quand elle est échauffée ou refroidie, il n'est pas même nécessaire de la considérer comme appartenant en propre au calorique. On peut simplement la regarder comme de l'électricité développée sous l'influence de ce fluide, autrement dit, repoussée par lui des molécules au milieu desquelles elle se trouvait à l'état latent ; et c'est parce qu'elle serait ainsi repoussée par le calorique, qui même se substituerait en partie à elle dans cette combinaison, comme le prouve l'augmentation des capacités calorifiques des corps sous l'influence de l'élévation de la température, qu'il y aurait lieu de considérer le calorique comme un agent électro-positif.

Dans tous les cas, que le calorique soit ou ne soit pas un agent électrique par lui-même, il suffit qu'il jouisse d'une influence électro-positive incontestable, fût-elle indirecte, pour que la conclusion que j'ai portée plus haut reste une vérité : or, cette influence ressort de tous les faits que j'ai exposés.

M. Becquerel avait cependant à expliquer pourquoi, pendant l'échauffement et le refroidissement, il y a des signes de polarité. Il l'a tenté, en invoquant les dégagements d'électricité qui, par analogie avec ceux qui ont lieu par l'effet du clivage ou de la pression, doivent avoir lieu, selon lui, par l'effet de la dilatation ou de la contraction pendant l'action de la chaleur ou celle du froid. Il faut sans doute tenir un précieux compte de cette théorie qui, je le dis en passant, peut déjà rendre compte de ces irrégularités de direction des courants que l'on remarque, ai-je dit plus haut, pendant l'échauffement ou le refroidissement de certains métaux cristallisables ou hétérogènes. Mais il est certain qu'elle ne peut, par elle-même, rendre compte de la tendance des courants thermo-électriques dans un sens plutôt que dans un autre, *des parties chaudes aux parties froides.* Or l'on ne peut attribuer la détermination de cette direction qu'à ce que, je le répète, le calorique, en s'accumulant sur un point d'un corps, en repousse l'électricité positive et même s'y substitue à elle.

Ainsi, je maintiens tout entière ma conclusion sur les deux fluides calorique et lumière.

Cette conclusion renferme la substance de plusieurs lois générales concernant les rapports des trois fluides impondérables; mais il m'importe, pour mieux les faire ressortir, d'exposer et de commenter les phénomènes calorifiques et lumineux de la pile voltaïque.

Quand une chaîne voltaïque est formée par un conducteur uniforme et homogène, il y a à peine, dans son trajet, production de calorique, il n'y a pas production de calorique lumineux, et le courant est dit se porter sans obstacles du pôle positif au pôle négatif. En ce cas, l'électricité semble passer simplement dans le conducteur et ne pas s'associer à ses molécules. Mais si le courant est arrêté par un obstacle interrompant l'uniformité et l'homogénéité de la chaîne, il s'établit au sein de cet obstacle une vive manifestation de calorique et de lumière, accompagnée d'une vive attraction de l'oxigène de l'air. Or, dans une pile, le courant est dit se porter, le long du conducteur, du pôle positif au pôle négatif; et l'on sait, en effet, que le fluide positif a une action dynamique supérieure à celle du fluide négatif, qu'il peut, même, dans sa direction, renverser, briser ou transporter les obstacles qui s'opposent à son passage. Il faut croire dès-lors que c'est l'électricité positive, tendant à franchir l'obstacle, sur lequel elle semble arriver plus vivement que l'électricité négative, s'y accumulant jusqu'à ce qu'elle le surmonte, et alors se combinant forcément avec lui, qui est la cause de la manifestation de calorique et de lumière formée et de l'attraction exercée à l'égard de l'oxigène de l'air.

Que penser maintenant du mécanisme de cette manifestation? De deux choses l'une : ou que la lumière et le calorique sont déplacés des molécules de l'obstacle, où ils étaient en combinaison latente, par le fluide positif émané de la pile, qui vient forcément se combiner avec elles; ou qu'ils sont eux-mêmes, comme le pensent un grand nombre de physiciens, une forme, une manifestation de ce fluide.

- Tout concourt à faire adopter la première interprétation et à faire rejeter la seconde. Il est évident, en effet, que le calorique et la lumière ne sont pas le fluide électro-positif. S'ils étaient ce fluide, il est hors de doute que les trois impondérables en question auraient les mêmes caractères, la même action et le même but, et cela n'est pas.

On est donc forcé d'admettre que le calorique et la lumière sont deux corps impondérables qui, combinés à l'état latent avec les corps pondérables, peuvent en être déplacés par un autre impondérable, le fluide électro-positif. Eh bien! l'on ne devra pas s'étonner d'un pareil déplacement, dès l'instant qu'il est prouvé que le calorique et la lumière sont deux agents électro-positifs, et qu'ils doivent dès-lors faire place dans les corps à un agent plus électro-positif qu'eux-mêmes, au fluide électro-positif dans son état de pureté, de même que nous les avons déjà vus, en s'accumulant sur un corps, pouvoir à leur tour en déplacer ce fluide. Par cette manière de voir, on sera d'accord, du moins, avec toutes les théories chimiques.

Je puis maintenant formuler les lois générales suivantes sur les rapports des trois impondérables :

1re loi : *Le fluide électro-positif, la lumière et le calorique exercent sur les corps pondérables une influence électro-positive.*

Ils l'exercent d'une manière de moins en moins

prononcée, dans cet ordre : fluide électro-positif, lumière, calorique.

2ᵉ loi : *Ces trois fluides sont normalement renfermés dans les corps à l'état latent.*

3ᵉ loi : *Le mouvement de l'un d'eux dans un corps ou sur un corps y détermine, à un certain degré d'intensité de la part du fluide et à un certain degré de résistance de la part du corps, le déplacement ou, si l'on veut, la manifestation de l'un des deux autres ou bien des deux autres fluides.*

4ᵉ loi : *Dans le spectre solaire, l'influence électropositive va en augmentant du rayon rouge au rayon violet.*

Ces lois étant posées, il me sera facile d'en faire ressortir une large synthèse, impliquant dans sa généralité la causalité des principaux phénomènes physiques et chimiques, et pouvant dès-lors se vérifier elle-même par les explications particulières qu'elle pourra donner de ces phénomènes. La première partie de ce travail a été analytique et inductive, la seconde en sera donc synthétique et déductive.

NOUVELLE
THÉORIE PHYSIQUE.

DEUXIÈME PARTIE.

SYNTHÈSE ET DÉDUCTIONS.

§ Ier. — *Synthèse générale.*

L'expérience constate que les divers corps pondérables sont électro-positifs ou électro-négatifs les uns par rapport aux autres.

Sur ce fait et sur la première et la quatrième loi générales que j'ai formulées, j'établis la synthèse générale suivante :

Les divers corps impondérables ou pondérables sont électro-positifs ou électro-négatifs les uns par rapport aux autres.

Les trois impondérables, électricité positive, lumière et calorique, sont électro-positifs relativement à tous les corps pondérables.

Le premier est plus électro-positif que les deux autres, et le second plus électro-positif que le troisième.

Les rayons élémentaires lumineux ou calorifiques sont d'autant plus électro-positifs qu'ils sont plus ré-frangibles.

De cette synthèse vont découler de nombreuses déductions sur l'essence même des principaux phénomènes de la physique et de quelques phénomènes chimiques fondamentaux.

Sans doute, je laisserai encore dans l'ombre plusieurs points plus ou moins importants de la physique, sans doute des faits exceptionnels viendront quelquefois à l'encontre de mes explications : mais l'on s'apercevra bientôt qu'il y a autre chose que des forces en action dans la statique et la dynamique des corps; que plusieurs conditions matérielles, et notamment la forme et l'arrangement des molécules, ont à y jouer un grand rôle, et que celles-ci ont dès-lors à apporter de fréquentes modifications aux résultats de celles-ci.

Toutefois, si mes déductions concernent presque tous les faits physiques, si elles jettent quelque clarté sur les faits chimiques les plus importants, et si enfin elles abordent la causalité la plus intime des phénomènes étudiés, je devrai considérer ma synthèse comme suffisamment confirmée, comme la loi générale de la physique, et mes déductions elles-mêmes les plus directes comme des solutions définitives pour cette science.

§ II. — *Des rapports statiques généraux des impondérables avec la matière.*

Si j'admets dans ma synthèse générale que le fluide électro-positif, la lumière et le calorique sont des agents électro-positifs relativement aux corps pondérables, j'admets implicitement par là que la matière est de sa nature électro-négative. En effet, si, au lieu de considérer dans la question une masse de cette matière, on n'en considère qu'un atome, et si l'on fait attention que tout atome est impénétrable, c'est-à-dire ne peut admettre dans sa substance aucun autre corps ou agent, on aura la conviction, en ne le voyant pas cesser de se montrer électro-négatif relativement aux trois fluides en question, qu'il est électro-négatif par lui-même, autrement dit, que l'électricité négative est primitivement fixée en lui, et que les fluides électro-positif, lumineux et calorifique ne sont que des agents attirés par lui et autour de lui, et dont il peut même neutraliser les manifestations en les induisant en état latent.

Cette manière de voir, je pourrais dire cette *seconde synthèse*, en attendant qu'elle se vérifie elle-même par un grand nombre de déductions, est singulièrement corroborée par les faits relatifs à la remarquable mobilité et aux déplacements réciproques des trois impondérables en question. En effet, 1° dans les courants, c'est dans la direction attribuée à l'électricité positive et non pas dans celle que l'on a supposée à l'électricité négative, que se trouvent transportés, brisés ou renversés les obstacles qui s'opposent au passage des courants; 2° l'électricité positive, en tendant à franchir ces obstacles et en s'associant ainsi forcément avec leurs molécules, en déplace réellement du calorique et de la lumière; 3° quand le calorique et la lumière se portent dans un corps ou sur un corps, ils en déplacent à leur tour de l'électricité positive, qui, d'après la route qu'elle prend, semble être réellement repoussée par eux.

Ainsi, pour moi, l'électricité positive, la lumière et le calorique sont des agents électro-positifs qui siégent et peuvent circuler dans les interstices de la matière; mais l'électricité négative est l'électricité propre aux atomes matériels, et c'est elle qui attire et retient, autour de ces atomes, ces agents, et qui peut même, dans une pareille position, neutraliser leurs manifestations.

Cette proposition équivaut à celle-ci : La matière est de sa nature *électro-négative*, *lumino-négative* et *caloro-négative*. Elle attire ainsi les fluides électro-positif, lumineux et calorifique, et les retient entre ses atomes ; mais son procédé d'attraction à l'égard de ces trois fluides est au moins de nature électrique, et par conséquent neutralisant pour leurs manifestations.

Observons toutefois que, du moment que les trois fluides sont inégalement électro-positifs, ils peuvent aussi sans doute, en réagissant les uns sur les autres, se saturer mutuellement.

Il faut dire maintenant que le pouvoir électro-négatif de la matière varie aussi d'intensité selon la nature des corps matériels. Il est clair que ceci dépend soit de la qualité absolue de l'électricité atomique dans chaque corps, soit de sa qualité relative, au cas où les atomes renfermeraient dans des aréoles ou dans une cavité centrale une certaine quantité d'électricité positive qui serait variable dans chaque espèce de corps selon l'étendue déterminée de ces vides, soit enfin, ce qui est le plus probable, de ces deux conditions réunies. Or, quelle que soit la cause plus ou moins complexe de cette différence d'intensité, il résulte de ce fait en lui-même que, quoique tous électro-négatifs relativement à l'électricité positive, à la lumière et au calorique, les divers corps sont les uns par rapport aux autres électro-positifs ou électro-négatifs, et qu'un même corps peut être électro-positif relativement aux uns et électro-négatif relativement aux autres. Il est certain, en effet, que, lorsque un corps est plus ou moins électro-négatif qu'un autre, il peut être assimilé à un corps qui, relativement au second, contiendrait une quantité plus faible ou plus forte d'électricité positive associée à son électricité négative propre.

En examinant à fond cette théorie, on peut se demander si elle ne conduit pas à considérer comme bien fondée l'hypothèse de Franklin sur la constitution même de l'électricité. Selon ce grand physicien, il n'existerait qu'un seul fluide électrique, le fluide électro-positif. Ce fluide agirait par répulsion sur lui-même et par attraction sur la matière pondérable. Normalement combiné à l'état latent avec les corps, en quantité dépendante de leur masse et de leur nature, il les rendrait positifs quand cette quantité y est augmentée, et négatifs quand elle y est diminuée; de sorte que l'électricité négative absolue ne serait que l'absence absolue de l'électricité négative.

Il est aisé de voir que, dans l'idée de Franklin, le mouvement de l'électricité n'aurait pour unique motif que la tendance de ce fluide à son équilibre d'intensité ou, si l'on veut, à son uniformité de densité entre les divers corps, et qu'en réalité toute substance matérielle serait par elle-même indifférente ou inerte.

Ma théorie n'a pas la prétention d'entrer dans l'examen de la constitution même des électricités : expression ou conséquence des faits, elle appelle électricité négative ce qui, quelle que soit son essence, est en opposition avec l'électricité positive. Je dois toutefois faire remarquer que la circonstance des *affinités électives*, dont il sera question plus tard, s'oppose radicalement à toute hypothèse qui tendrait à faire admettre l'indifférence ou l'inertie de la matière.

Ainsi, il m'est impossible d'admettre qu'il n'existe dans la nature qu'une seule électricité; et, pour me résumer sur ce qui concerne particulièrement les rapports statiques généraux de cet agent avec la matière, je maintiens qu'il existe deux électricités, l'une inhérente aux atomes matériels, dite négative, et l'autre indépendante de ces atomes, dite positive. Ces deux électricités s'attirent mutuellement, et, une fois en présence et en égale proportion, elles neutralisent réciproquement leurs manifestations. Ce n'est

pas par l'unique motif de la nécessité de son équilibre d'intensité ou de densité que chacune d'elles
tend vers les corps où elle n'est pas, elle y tend
encore parce qu'elle y est attirée par l'électricité de
nom contraire. Aussi, si les divers corps sont électro-
positifs ou électro-négatifs les uns par rapport aux
autres, et si le même corps peut être électro-positif
relativement aux uns et électro-négatif relativement
aux autres, c'est que leur électricité propre peut être
considérée comme primitivement influencée dans les
atomes mêmes par plus ou moins d'électricité positive
qui serait retenue dans leurs aréoles centrales.

§ III. — *Des tensions électriques.*

Les tensions électriques s'expliquent, d'après la
théorie électro-statique que je viens d'exposer, de la
manière suivante :

Dès que l'on soumet un corps bon conducteur à
une influence à distance, par exemple électro-négative, une partie du fluide électro-positif retenu entre
ses atomes tend vers l'influence en question; de sorte
que les atomes qui en sont le plus rapprochés s'entourent d'une couche d'électricité positive plus dense
et pouvant probablement déborder à la surface du
corps; au contraire, les atomes les plus éloignés de
l'influence perdent, dans la même proportion, de leur
électricité interstitielle, et en sont plus ou moins
réduits à leur électricité négative propre, ce qui leur
fait témoigner une tension électro-négative.

L'inverse a lieu si l'influence à distance est électro-positive au lieu d'être électro-négative.

Si le corps soumis à l'influence en question est un mauvais conducteur, le double effet se borne aux molécules des points les plus rapprochés de l'influence.

Si le corps n'est constitué que par un atome, son atmosphère d'électricité positive augmente d'étendue et de densité d'un côté et devient moins étendue et moins dense de l'autre, ce qui lui constitue une sorte de polarité.

Dans une pile isolée, dont les pôles sont libres, le fluide électro-positif s'accumule au pôle positif, où la quantité d'électricité négative propre aux atomes reste pourtant la même; au pôle négatif, la quantité de fluide électro-positif diminue, et ce pôle reste constitué par des atomes dont l'électricité négative propre n'est plus aussi bien équilibrée par l'électricité positive interstitielle et prend une apparence de surcharge.

Ainsi, dans aucun cas, il n'est nécessaire pour expliquer les phénomènes de tension d'admettre la mobilisation de l'électricité négative.

§ IV. — *De l'attraction moléculaire.*

Les expériences de M. Becquerel sur les dégagements de l'électricité, obtenus au moyen du clivage ou de la pression, ont fait voir que l'attraction moléculaire s'accompagne d'influences électriques telles, qu'il y a lieu de penser que le phénomène attractif s'exerce par l'action réciproque des deux électricités positive et négative. Quand, en effet, l'on sépare brusquement les unes des autres, ou l'on comprime brusquement les unes contre les autres des parties matérielles, même homogènes, les unes prennent l'électricité positive et les autres l'électricité négative.

Voici, ce me semble, la théorie de ce genre d'attraction :

J'ai admis, d'une part, que la matière est électro-négative relativement au fluide électro-positif; il est, d'autre part, admis en physique que ses atomes sont impénétrables : il suit de ces deux circonstances que, dans tout vide inter-atomique, l'électricité positive se porte en tout sens sur les atomes qui limitent ce vide, adhère à eux sans les pénétrer et, en vertu de cette adhérence qui est réciproque de leur part, les retient unis.

Les atomes devraient, d'après cela, être d'autant plus rapprochés les uns des autres qu'ils retiennent mieux l'électricité positive, autrement dit, qu'ils sont plus électro-négatifs : il est très remarquable, en effet, comme on le verra bientôt, et ceci sera surtout en évidence parmi les métaux, que les corps les plus électro-négatifs sont généralement les plus denses.

Si l'on supposait une masse homogène de matière absolument électro-négative, telle du reste qu'elle serait si un fluide électro-positif n'était venu se placer entre ses atomes, on ne concevrait pas l'attraction moléculaire, car toute électricité dont les parties sont également denses agit par répulsion sur elle-même. Il faut donc bien penser que c'est l'électricité positive qui, attirée par l'électricité négative propre aux corps matériels et mise en sa présence, est la cause de l'agrégation des molécules auxquelles et entre lesquelles elle vient adhérer.

On objectera sans doute à cette manière de voir que l'électricité positive agit sur elle-même par répulsion, et que dès-lors les atmosphères d'électricité positive dont sont entourés deux atomes voisins doivent se repousser en entraînant chacune avec elle l'atome qu'elle entoure. Il en serait certainement ainsi, d'abord si, dans chacune des deux atmosphères et par conséquent dans toute l'étendue de l'interstice, l'électricité était également dense ; ce qui n'est pas, car les densités vont en augmentant en approchant des atomes ; il en serait ensuite ainsi, si chaque atome n'avait d'action que sur son atmosphère, et n'en avait pas sur l'atmosphère voisine, comme elle en a cependant, quoique à un moindre degré que sur la sienne. On voit donc que toute particule de l'électricité positive située entre deux atomes est sollicitée par eux deux, et les sollicite par conséquent à son tour.

Les phénomènes de l'électricité dissimulée dans les appareils condensateurs sembleraient au premier abord appuyer l'objection que je viens de combattre : mais, si l'on fait attention que l'on peut décharger une bouteille de Leyde placée sur un plateau isolant, en touchant alternativement l'armature extérieure et l'armature intérieure, on restera convaincu qu'une électricité dissimulée, comme peut l'être l'atmosphère électrique d'un atome considéré isolément, ne l'est plus autant en présence d'un autre atome.

Dans les combinaisons chimiques, les deux corps qui s'associent sont aussi électro-négatifs relativement à l'électricité interstitielle qui rallie leurs atomes; mais en outre, comme l'un d'eux se trouve moins électro-négatif que l'autre, leurs atomes s'attirent directement les uns les autres. On voit par là que, dans les attractions chimiques, il y a deux moyens d'union entre les particules des corps, d'un côté leur attraction commune à l'égard du fluide qui siége dans leurs interstices et qui, pour ainsi dire, les cimente, et de l'autre, à cause de la diversité de leur nature et par conséquent de la différence de leur nuance électrique, leur attraction réciproque. Je reviendrai plus tard sur ce sujet, en traitant la question des combinaisons chimiques.

La théorie que je viens d'exposer me paraît la seule qui puisse faire concevoir l'attraction moléculaire, soit simple, soit chimique. Si l'on plaçait, en effet, les électricités, ou bien toutes deux dans les interstices des atomes, comme l'ont voulu quelques physiciens et notamment Ampère, sous la condition d'une double atmosphère pour chaque atome, ou bien toutes deux dans les atomes comme le voulait Berzélius, sous la condition d'une double polarité, elles ne manqueraient pas de s'y combiner l'une à l'autre, de s'y neutraliser réciproquement, et dès ce moment de faire cesser l'adhésion atomique; ce que, du reste, reconnaissait Berzélius lui-même.

Ainsi, il y a lieu maintenant de considérer comme erronée cette hypothèse généralement employée en physique dans les démonstrations relatives à l'électricité, qui admet que l'électricité négative est, comme l'électricité positive, indépendante des molécules et mobile des unes aux autres.

On pourrait, il est vrai, ne pas admettre avec moi que toute matière est électro-négative de sa nature; on pourrait, par exemple, considérer l'électricité propre aux atomes comme étant, d'une manière absolue, négative chez les uns et positive chez les autres, et alors considérer tous les corps dits électro-positifs comme possédant dans leurs interstices de l'électricité négative et dans leurs atomes de l'électricité positive, tandis que l'inverse aurait lieu pour les corps dits électro-négatifs. Mais, je le demande, comment alors s'expliquer ce fait que généralement les corps les plus électro-négatifs sont les plus denses? Comment s'expliquer la plus grande puissance et la plus grande vitesse de l'électricité positive dans les courants, quels que soient les corps qui leur servent de conducteurs? Comment concevoir les phénomènes calorifiques et lumineux de la pile, dans lesquels le calorique et la lumière paraissent si bien déplacés par l'électricité positive? Comment enfin admettre que des molécules matérielles qui, ainsi que je l'ai démontré, sont électro-négatives relativement au calorique et à la lumière, ne le soient pas relativement au fluide électro-positif qui est plus électro-positif que ces deux fluides? Dans cette hypothèse, il faudrait, du reste, admettre une séparation tranchée entre les corps électro-positifs et les corps électro-négatifs. Où se trouve donc une pareille séparation?

Les corps dits électro-positifs sont sans doute moins électro-négatifs que ceux qui sont dits électro-négatifs ; mais, on le sent bien, cette circonstance ne constitue qu'un simple fait de relation électrique, qui, tout en classant les atomes des divers corps selon leur attraction plus ou moins vive pour l'électricité positive, n'infirme nullement leur qualité électro-négative propre.

Ainsi, je le répète, les atomes matériels sont impénétrables ; ils sont par nature électro-négatifs, et dèslors le fluide électro-positif attiré par eux n'est qu'un fluide qui, en pénétrant dans leurs interstices, mais en ne pénétrant pas dans leur substance, leur sert de moyen d'union. Ces atomes sont plus ou moins électro-négatifs selon les corps, et alors ils peuvent encore, s'ils sont de diverses natures, s'attirer directement les uns les autres.

Je devrais maintenant entrer directement dans l'étude des attractions terrestre et sidérale dont le procédé n'est, comme on l'a déjà pressenti, qu'une extension de celui de l'attraction moléculaire ; mais pour mieux en asseoir la théorie, pour pouvoir la confirmer en quelque sorte, il m'importe de pénétrer auparavant dans l'étude des densités et de l'électricité spécifique des corps.

§ V. — *Des densités.*

Si, dans les différents corps, les atomes ont des poids inégaux et sont séparés par des distances varia-

bles, ces corps, quand ils seront réduits au même
volume, et quand, du reste, ils seront placés dans
les mêmes circonstances, seront inégalement pesants·
C'est ce rapport du poids au volume que l'on a dési-
gné sous le nom de *densité*.

Il est important de considérer à part les deux éléments de la densité, à savoir, le poids des atomes et
leur distance les uns des autres, pour pouvoir tirer
quelque conclusion sur la théorie du rapport en
question du poids au volume.

Les chimistes ont constaté que les divers corps se
combinent entre eux en proportions chimiques défi-
nies. Ces proportions peuvent être exprimées en
poids atomiques, qui sont les mêmes pour un même
corps, à une température et dans un état donné,
quel que soit celui avec lequel il se combine, mais
qui varient d'un corps à un autre. Ainsi l'atome de
soufre pèse 201,1 quand il se combine avec un atome
d'oxigène qui pèse 100; mais il se combine encore
sous le même poids de 201,1 quand, dans les mêmes
conditions de température et d'état, il va s'unir à un
atome d'iode qui pèse 789,7. Sous ce dernier poids,
l'iode se comporte de la même manière; et il en est
ainsi de tous les corps.

Si, comme il vient d'être dit, les atomes sont inégalement pesants selon les corps, il est évident que
deux corps différents ont, à poids égal, un nombre
inégal d'atomes, et que celui qui a les atomes les plus
pesants en a le moins; d'où il résulte que, entre deux
corps de différentes natures et de masses également
pesantes, le nombre des atomes est en raison inverse

des poids atomiques. Cette loi trouvera son application à propos de la théorie du calorique spécifique des corps.

Il est très remarquable que les corps considérés comme les plus électro-négatifs possèdent en général les poids atomiques les plus forts. J'ai fait l'addition des poids atomiques de la moitié réputée la plus électro-négative des corps simples, en prenant pour base leur moindre affinité pour l'oxigène, et puis celle des poids atomiques de la moitié réputée la moins électro-négative de ces corps, et j'ai trouvé que la somme de ceux-ci était inférieure à la somme de ceux-là dans le rapport approximatif de 13 à 15. Sans doute ce résultat est peu concluant, mais celui-ci l'est davantage : j'ai considéré à part, sous le même point de vue, les deux grands ordres des corps simples, les métalloïdes et les métaux, et j'ai trouvé que, dans chacun de ces ordres, la somme des poids atomiques des corps réputés les plus électro-négatifs était plus que le double de celle des poids atomiques des corps réputés les moins électro-négatifs (1).

Ainsi, entre deux corps également pesants, c'est le plus électro-négatif qui a, en général, le plus de poids atomique, mais aussi le moins d'atomes.

Il y a sans doute des exceptions à cette loi, et elles proviennent probablement de l'inégalité du volume des atomes selon les corps : mais elle est trop remarquable dans sa généralité pour qu'il ne faille la prendre en sérieuse considération.

(1) Voir à la fin de ce paragraphe.

Dans l'état d'agrégation des atomes il n'y a pas seulement à considérer leur poids, mais encore, je l'ai déjà dit, les distances qui les séparent les uns des autres : je vais maintenant m'occuper de celles-ci.

On vient de voir, en ce qui concerne les poids atomiques, qu'en général plus les atomes sont électro-négatifs, plus ces poids sont considérables. Si ma théorie de l'attraction moléculaire est fondée, les distances inter-atomiques seraient subordonnées 1° à l'intensité de l'attraction réciproque des atomes et du fluide électro-positif qui siége dans leurs interstices; 2° quand ces atomes sont de diverses natures, à l'intensité de leur attraction les uns à l'égard des autres : d'où il est facile de voir que le rapprochement des atomes, dans l'état d'agrégation, devrait être aussi d'autant plus prononcé qu'ils sont plus électro-négatifs. Il est à noter toutefois que certaines conditions matérielles, et notamment la forme et le mode d'arrangement des atomes, auraient souvent à modifier le résultat de leur attraction, en favorisant plus ou moins bien leur coaptation (1).

Eh bien! il est très remarquable que les métaux considérés comme les plus électro-négatifs sont en

(1) Le bismuth, par exemple, a été reconnu par M. BECQUEREL, au moyen du frottement et des actions thermo-électriques, comme le métal le plus électro-négatif ; il est toutefois un des plus électro-négatifs, et cependant sa densité n'est que de 9,88 : mais c'est le métal dont la cristallisation est la plus prononcée. Ce que je viens de dire de ce corps peut s'appliquer à l'antimoine, à l'arsenic et à quelques autres, dont les densités ne sont pas en parfait rapport avec le classement électrique.

général les plus denses; que, à peu d'exceptions près,
il en est de même des métalloïdes, en mettant à part,
bien entendu, les métalloïdes gazeux, et qu'entre eux
ceux-ci se conforment encore assez bien à cette
loi (1). Sans doute les conditions essentielles de la
densité ne résident pas seulement dans la plus ou
moins grande distance des atomes, elle réside encore
dans leurs poids, qui sont plus ou moins considérables : mais il est clair que si, en général, les densités
sont, comme les poids atomiques, en raison des pouvoirs électro-négatifs des corps, la condition de la
distance des atomes ne contrarie pas celle de leurs
poids, et que l'on peut par conséquent affirmer que
le rapprochement des atomes est généralement, dans
l'état d'agrégation des corps, en raison de leur pouvoir électro-négatif, autrement dit, que les atomes
des corps sont généralement d'autant plus serrés que
leur électricité propre adhère mieux à l'électricité
positive qui siége dans leurs interstices. Ce fait sem-
blait devoir résulter de ma théorie de l'attraction
moléculaire : il vient par conséquent la confirmer.

Ainsi, s'il est avéré que les poids atomiques et les
densités sont généralement en raison des pouvoirs
électro-négatifs des corps, il est permis d'affirmer
que le rapprochement des atomes est généralement
en raison directe des mêmes pouvoirs. La théorie de
la pesanteur nous rendra bientôt compte du rapport
des poids atomiques avec les pouvoirs électro-négatifs; mais, en attendant, celle de l'attraction molécu-

____

(1) Voir le tableau placé à la fin de ce paragraphe.

laire nous explique le rapport de ces mêmes pouvoirs avec les distances inter-atomiques.

Le calorique fait, comme on le sait, dilater les corps, en d'autres termes, diminuer leur densité. Ne serait-ce pas, au moins en partie, parce que, selon ma troisième loi générale d'induction, il peut en déplacer de l'électricité positive, de cette électricité qui sert, pour ainsi dire, de ciment aux atomes, et qu'il est moins électro-positif et par conséquent moins attractif que cette électricité à l'égard de ces atomes? Je reviendrai plus tard sur ce sujet.

Tableau des deux grands ordres des corps simples rangés selon leur affinité pour l'oxigène (1), avec leurs poids atomiques et leurs densités.

NOMS DES CORPS.	POIDS ATOMIQUES OXIGÈNE = 100	DENSITÉS EAU = 1	NOMS DES CORPS.	POIDS ATOMIQUES OXIGÈNE = 100	DENSITÉS EAU = 1
Métalloïdes.					
1 Hydrogène.	6	(air = 1) 0,06	7 Selenium.	496	4,30
2 Bore.	136		8 Iode.	789	4,94
3 Silicium.	266		9 Brôme.	489	2,96
4 Carbone.	152	1,78	10 Chlore.	221	(air = 1) 2,44
5 Phosphore.	196	1,77	11 Fluor.	233	
6 Soufre.	201	1,99	12 Azote.	88	(air = 1) 0,97
	Total 957			Total 2316	

Oxigène, poids at. $= 100$, densité (air $= 1$) $= 1,10$

Métaux.					
1 Potassium	489	0,86	21 Chrôme.	354	5,10
2 Sodium.	290	0,97	22 Vanadium.	855	
3 Lithium.	80		23 Tungstène.	1183	17,60
4 Baryum.	856		24 Molybdène.	598	8,61
5 Strontium.	547		25 Opnium.	1244	10,00
6 Calcium.	256		26 Columbium.	1153	
7 Magnesium.	158		27 Titane.	303	5,30
8 Glucynium.	334		28 Etain.	735	7,29
9 Aluminium.	171	2,45	29 Antimoine.	806	6,70
10 Zirconium.	420		30 Tellure.	802	6,11
11 Thorium.	745		31 Cuivre.	395	8,89
12 Ittrium.	402		32 Plomb.	1294	11,35
13 Cerium.	574		33 Bismuth.	1330	9,88
14 Manganèse.	365	6,85	34 Mercure.	1265	13,56
15 Fer.	339	7,78	35 Argent.	675	10,47
16 Nickel.	369	8,28	36 Rhodium.	651	11,00
17 Cobalt.	369	8,53	37 Iridium.	1233	19,50
18 Zinc.	403	7,10	38 Palladium.	665	11,80
19 Cadmium.	696	8,60	39 Platine.	1116	20,98
20 Arsenic.	470	5,96	40 Or.	1243	19,26
	Total 8533			Total 17897	

(1) D'après M. Thénard et M. Regnault.

§ VI. — *De l'électricité spécifique des corps.*

Le pouvoir électro-négatif propre de la matière varie d'intensité, ai-je déjà dit, selon la nature des corps matériels : mais l'expérience prouve que les atomes des divers corps retiennent entre eux une même quantité de leur électricité interstitielle, c'est-à-dire d'électricité positive.

En effet, M. Faraday et M. Matteucci ont reconnu « 1° qu'une quantité constante d'un métal quelconque dissous par un acide de nature et de densité variables à une température quelconque, produit un courant qui précipite toujours le même poids d'un même métal en dissolution, quelle que soit la densité de cette dissolution, 2° que, si le courant traverse une série de dissolutions métalliques, les poids des métaux réduits sont proportionnels à leurs équivalents chimiques ou aux produits de leurs atomes ; ou, en d'autres termes, que le courant précipite le même nombre d'atomes de tous les métaux. » C'est ce qui a fait dire par les physiciens que les atomes sont associés à des quantités égales d'électricité, qu'ils ont tous une même *électricité spécifique.*

On doit naturellement être surpris de cette uniformité de capacité des atomes des corps pour l'électricité positive, alors que cependant tous les corps ont une valeur électrique propre, qu'ils sont dits électro-positifs ou électro-négatifs, qu'ils peuvent ici se combiner avec tel corps plutôt qu'avec tel autre, et que là, s'ils sont combinés, ils résistent plus ou moins que d'autres aux courants dissolvants. C'est pourtant ce qu'il est aisé de comprendre, après ce qui vient d'être dit plus haut à propos des densités.

En effet, si, à mesure que les atomes sont plus électro-négatifs, qu'ils semblent devoir attirer plus d'électricité positive dans leurs interstices, ils deviennent en général plus serrés, il est clair que leurs interstices deviennent en général plus petits et ne peuvent renfermer que de plus petits volumes d'électricité positive. Sans doute la couche de cette électricité est plus dense pour chaque interstice, du moment que les atomes sont plus électro-négatifs; mais, devenant en même temps moins volumineuse, elle se trouve avoir la même valeur que si l'interstice eût été plus grand et que si elle eût été elle-même moins dense. Ainsi il y a, en pareil cas, compensation entre l'augmentation de la densité de la couche électro-positive et la diminution de son volume; ainsi les atomes des divers corps témoignent, dans leur état d'agrégation, une égale capacité pour l'électricité positive.

S'il en est ainsi, l'on sent bien que les divers corps ont chacun une valeur électrique propre appréciable. Il est certain, en effet, que si la quantité d'électricité positive est constamment la même pour leurs interstices, alors que celle de l'électricité négative propre à leurs atomes varie selon leur pouvoir plus ou moins électro-négatif, ces électricités ne seront pas complètement neutralisées l'une par l'autre, et que dès-lors chaque corps conservera dans son état normal une nuance électrique propre.

§ VII. — *De la pesanteur.*

J'ai déjà pu attribuer l'attraction moléculaire à l'action attractive du fluide électro-positif placé dans les vides inter-atomiques des corps et ralliant ainsi entre eux les divers atomes qui sont électro-négatifs relativement à ce fluide.

Il est prouvé en physique, d'après les observations et les expériences de Schubler, d'Arago, d'Ermann, de Volta, de Saussure, de Peltier et de M. Becquerel « que la terre est électrisée négativement, l'atmosphère positivement, ou du moins se comportent comme telles.......; que la tension de l'électricité positive accusée par les appareils croît à mesure que l'on s'élève dans l'atmosphère (1). »

Enfin, j'ai fait voir plus haut que les corps les plus électro-négatifs présentent en général les poids atomiques les plus considérables.

D'après ces données, on peut rationnellement attribuer les phénomènes de la pesanteur à l'action attractive d'un fluide ou éther électro-positif qui, répandu autour de la terre, tendrait à réunir à cette planète, dont la substance est électro-négative,

(1) BECQUEREL et Ed. BECQUEREL, *Eléments de Physique terrestre et de Météorologie*, Paris, 1847, p. 468.

toutes les masses telluriques qui ne lui adhèrent pas intimement, et à réunir celles-ci entre elles.

Un pareil éther éprouverait naturellement plus de résistance de la part des masses les plus épaisses que de la part des moins épaisses; il attirerait par conséquent bien mieux les secondes vers les premières que les premières vers les secondes. Il serait plus dense près des masses que loin d'elles; il rallierait donc les plus petites d'entre elles aux zônes des plus grandes qui leur seraient les plus voisines. Enfin, il aurait plus de prise sur les atomes les plus électro-négatifs, et les rendrait ainsi les plus pesants.

Aucune donnée essentielle ne manque, comme on vient de le voir, à l'édification de cette théorie, ni les tensions électro-positives de la partie étudiée de l'espace extra-tellurique, ni la qualité électro-négative propre de la matière, ni les tensions en général électro-négatives de la surface terrestre, ni enfin l'augmentation généralement observée des poids atomiques à mesure que les corps sont de leur nature plus électro-négatifs. Ajoutons que, si le procédé déjà exposé de l'attraction moléculaire est vrai, celui-ci en est une extension nécessaire.

Sans doute et en fait, les tensions électro-positives extra-telluriques sont moins intenses immédiatement au-dessus du sol qu'à une certaine hauteur dans l'atmosphère; mais MM. Becquerel et Ed. Becquerel ont fait remarquer que « les deux électricités (l'électricité terrestre négative et l'électricité atmosphérique positive) doivent se combiner continuellement dans les couches d'air inférieures, jusqu'à une certaine hauteur, par l'intermédiaire des corps situés à la surface du sol (1). »

Je ferai, du reste, observer qu'il ne s'agit pas de considérer les deux électricités tellurique et extratellurique, dans l'état normal, comme des électricités en mouvement; non : la substance de la terre est électro-négative, puisque ses atomes sont électro-négatifs et ne sont pas complètement neutralisés par l'électricité positive de leurs interstices, et dès-lors cette planète est entourée d'une couche ou, si l'on veut, d'une atmosphère d'électricité positive, analogue à celle qui entoure une bouteille de Leyde dont l'intérieur est chargé d'une électricité de nom contraire.

Ainsi, le mécanisme de la pesanteur ne serait qu'une extension de celui de l'attraction moléculaire, tel que je l'ai conçu. Là, comme ici, le fluide électro-positif serait le moyen général d'union des diverses parties du système terrestre, et ce moyen augmenterait en général d'énergie pour les atomes de ces parties, à mesure que ces atomes seraient plus électro-négatifs, c'est-à-dire seraient mieux soumis à son action adhésive.

§ VIII. — *Des attractions sidérale et universelle.*

Il est prouvé par le calcul qu'en général plus une planète est rapprochée du soleil, plus elle est dense. Or cette circonstance remarquable s'expliquerait en

(1) Ouvr. cité, p. 462.

admettant que le fluide attractif qui rapproche les masses les unes des autres est le même que celui qui rapproche les molécules, et que, dans notre système planétaire, il va en diminuant de densité, ou si l'on veut d'intensité, à mesure qu'il s'éloigne du soleil ; sauf cependant à reprendre une certaine densité autour de chaque astre selon sa masse, mais une densité toujours inférieure, bien entendu, à celle de l'électricité qui environne les astres de même masse qui sont plus rapprochés du soleil (1).

Si j'ai pu considérer le procédé de l'attraction tellurique ou de la pesanteur comme une extension du procédé de l'attraction moléculaire, il est naturel que je considère celui de l'attraction sidérale comme une extension plus large encore de ce procédé, et que je regarde la circonstance remarquable que je viens de signaler comme pouvant en être une conséquence.

Il ne s'agirait donc que d'admettre que le fluide ou

(1) Voici le tableau représentant les masses des principaux astres de notre système planétaire rapportées à celle de la terre, avec leurs densités rapportées à celle de l'eau, et leur distance moyenne au soleil.

	Masse	Densité	Distance
Soleil.	354,936,000.	1,39.	0.
Mercure.	0,175.	15,25.	0,387.
Vénus.	0,875.	5,17.	0,723.
La Terre.	1.	5,48.	1.
Mars.	0,139.	0,71.	1,524.
Jupiter.	351,561.	1,42.	5,203.
Saturne.	101,064.	0,56.	9,539.
Uranus.	19,809.	1,55.	19,183.

l'éther électro-positif, celui que l'induction m'a fait admettre autour de chaque atome, celui que l'expérience a déjà fait reconnaître à certaines hauteurs dans l'atmosphère terrestre, est répandu dans toute l'étendue de chaque système planétaire, et, puisque toute matière est négative relativement à ce fluide, qu'il tend à réunir à la masse matérielle la plus considérable, au soleil du système en question, les diverses planètes et à celles-ci leurs satellites.

Ainsi les attractions moléculaire, tellurique et sidérale, s'exerceraient toutes les trois d'après un même procédé général pour constituer le mouvement attractif *universel.*

Descartes fut le premier qui admit l'existence d'un fluide subtil, répandu dans l'univers et pénétrant toutes les parties matérielles, au moyen duquel s'établissent les rapports des divers corps et des divers atomes entre eux ; mais il fut loin, par sa théorie mécanique des tourbillons, de pénétrer l'essence et le mécanisme de ces rapports.

Huyghens, qui admettait dans l'univers un fluide analogue et qui lui attribuait une certaine force de compression pour expliquer le phénomène de la pesanteur, ne fut pas, comme on le voit, plus heureux.

Enfin Newton s'immortalisa par la découverte du phénomène de la gravitation universelle. Sans doute, il ne rattacha pas son essence et son mécanisme à ceux de la force électrique; mais il sut tellement bien déterminer ses lois générales que la question de l'exercice d'une force attractive quelconque y fut mise hors de doute. Quant au procédé intime de cette force, voici tout ce que put en dire ce grand physicien. Il existe un fluide très subtil, très élastique, qui s'étend dans tout l'univers et pénètre les corps avec des degrés de densité divers, et qu'on appelle *éther.* Ce corps étant très élastique, il en résulte que, par l'effet qu'il fait pour s'étendre, il se refoule lui-même et presse les parties matérielles des autres corps avec une énergie plus ou moins grande, selon sa densité actuelle, ce qui fait que tous les corps doivent tendre continuellement les uns vers les autres.

La théorie que j'expose entre plus avant dans le phénomène. Il s'agit de l'action d'un fluide attractif bien connu comme tel, du fluide électro-positif. Eh bien! quand ce fluide se trouve entre deux atomes, deux corps ou deux masses quelconques, atomes, corps ou masses qui sont nécessairement doués d'une électricité de nom contraire au sien, chacun de ses points les attire l'un et l'autre et en est attiré, et les fait par conséquent rapprocher l'un de l'autre.

En partant des lois de Képler et à l'aide du calcul des *fluxions* qu'il créa pour expliquer le système du monde, Newton avait trouvé que l'attraction solaire, comme l'attraction terrestre, décroît en raison inverse du carré de la distance : or, je fais observer qu'il résulte des expériences de Coulomb et des calculs de Poisson que cette loi est exactement applicable à l'attraction des deux électricités.

Sans doute, les tensions électro-positives extra-telluriques n'ont pu être reconnues que dans l'atmosphère terrestre, et leur présence sur ce point n'est donc pas une preuve certaine de leur existence dans toute l'étendue du vide. Cependant j'ai à faire remarquer que l'atmosphère terrestre, qui est immense, est composée de deux gaz, oxigène et azote, éminemment électro-négatifs, et qu'il est bien permis de penser qu'une telle atmosphère n'aurait pas pu primitivement se former ou, plus tard se conserver avec des caractères aussi purement électro-négatifs et dans une aussi vaste étendue, si d'énormes influences électro-positives extérieures n'avaient, pour le moins, contribué à son maintien hors du globe terrestre.

Mais, à côté du procédé indiqué de l'attraction sidérale, il s'en présente un autre sous un caractère plus particulier, mais du moins analogue au second procédé de l'attraction moléculaire, dont il importe de tenir compte.

On ne sait pas sans doute si les divers astres sont, les uns par rapport aux autres, de différentes natures; mais l'on sait, d'une manière certaine, qu'ils sont doués de températures différentes, et que notamment le soleil envoie, sans compensations, des torrents de chaleur et de lumière à la terre et aux autres planètes : or, cette circonstance fait établir entre eux une influence électrique incontestable.

Les déviations périodiques de l'aiguille aimantée avaient déjà fait soupçonner l'exercice d'une pareille influence : mais en considérant, d'une part, la nature éminemment électro-négative de l'atmosphère terrestre, et en se rappelant l'influence de l'action solaire sur les dégagements des gaz qui la constituent; en considérant, d'autre part, les grandes manifestations de calorique et de lumière qui ont lieu entre les

deux astres et qui, à nos yeux, semblent former l'atmosphère du soleil, une atmosphère réellement électro-positive d'après mes démonstrations, on ne saurait plus mettre en doute la réalité de l'influence électrique en question entre le soleil et la terre, influence
qui est telle que, d'une manière plus ou moins intense, le soleil y remplit un rôle d'agent électro-positif, et la terre un rôle d'agent électro-négatif.

On le sent bien toutefois, c'est le premier procédé que j'ai exposé qu'il y a lieu de considérer
comme le procédé général de l'attraction sidérale,
ainsi que des deux autres genres d'attraction, et dès-
lors comme celui de *l'attraction universelle.*

Il reste bien entendu que, dans toutes les circonstances de ce procédé, l'électricité positive est
dissimulée autour des atomes, des corps ou des
masses, comme celle qui siége dans la feuille métallique extérieure d'une bouteille de Leyde, dont la
feuille métallique intérieure serait chargée d'électricité négative.

§ IX. — *Des combinaisons chimiques et des affinités.*

OErsted, le premier, considéra les forces qui donnent lieu aux phénomènes chimiques comme étant
identiques à celles qui produisent les phénomènes
électriques.

Berzélius publia une théorie chimique fondée sur
ce principe; il la développa, il l'étaya sur des faits
nombreux, et il établit une échelle générale des

corps dans laquelle étaient indiqués leurs rapports électro-chimiques. Pour cet auteur, toute action chimique est, dans le principe, un phénomène électrique dépendant de la polarité électrique des atomes. « Ainsi, tout ce qui paraît être l'effet de ce que l'on appelle *affinité élective*, ne peut être produit que par une plus forte polarité électrique dans certains corps que dans d'autres. »

Ampère, reconnaissant avec OErsted et Berzélius les faits électro-chimiques, admit pour les expliquer que chaque atome possède deux atmosphères électriques, une atmosphère d'électricité propre, positive ou négative, dont il ne peut se séparer, et une atmosphère d'électricité contraire, qui ne se combine jamais avec la première, mais qui est maintenue autour d'elle en quantité suffisante pour qu'il y ait saturation réciproque des deux atmosphères. Les combinaisons chimiques auraient lieu par l'effet de la réaction réciproque des atmosphères électriques extérieures, et elles seraient maintenues par les influences réciproques des atmosphères intérieures qui, je le répète, ne se combineraient jamais l'une à l'autre.

M. Becquerel a admis et développé, en l'appliquant à l'action de la pile voltaïque, la théorie d'Ampère, et il a exprimé en outre que, si l'électricité est la cause des phénomènes chimiques, les affinités peuvent être elles-mêmes dans ces phénomènes une des causes du développement d'électricité.

M. Baudrimont a exposé une théorie électro-chimique qui diffère essentiellement de celles dont il vient d'être question. Pour ce chimiste, qui a reproduit et développé la théorie électro-statique de Franklin, il n'y a qu'une seule espèce d'électricité qui est le résultat d'un mouvement particulier des molécules. Ce mouvement agit à distance sur les corps environnants, et tend à déterminer une espèce d'équilibre. Lorsque cet équilibre existe, c'est-à-dire lorsque tous les corps vibrent également, chacun selon sa nature, il n'y a point d'électricité apparente; mais, lorsque l'équilibre est troublé, les phénomènes électriques apparaissent. Les corps dans lesquels le mouvement vibratoire est augmenté sont électrisés positivement; ceux dans lesquels le mouvement vibratoire est diminué sont électrisés négativement. Les corps électro-positifs et les corps électro-négatifs s'attirent, parce qu'il y a tendance à l'équilibre. S'ils possèdent tous deux plus ou moins de mouvement électrique que celui qui constituerait l'état d'équilibre avec les corps ambiants, ils se repoussent. Lorsque deux corps se combinent, l'un d'eux cède du mouvement électrique aux corps ambiants, l'autre leur en emprunte. L'électricité n'explique pas à elle seule les affinités chimiques; l'influence des poids atomiques sur les combinaisons en serait une preuve.

Avec ces diverses théories, je reconnais comme force chimique générale l'électricité; avec la plupart d'entre elles je reconnais, ainsi qu'on le verra bientôt, que l'action électrique est inséparable de celle des affinités : mais ma théorie électro-statique me conduit à une théorie électro-chimique particulière, que j'appuie du reste sur une loi générale acquise à l'électro-chimie par l'expérience.

Un fait électrique très remarquable domine le résultat de toute combinaison ; c'est ce fait découvert par M. Pouillet dans la combustion, et confirmé et développé sous forme de loi générale par M. Becquerel, à savoir, que dans toute combinaison le corps électro-positif prend l'électricité négative, le corps électro-négatif l'électricité positive, tandis que le produit formé se charge lui-même de cette dernière électricité. Or, cette circonstance d'après laquelle le produit en question témoigne une tension électro-positive, et non pas une tension électro-négative ou bien un état neutre, ne peut se concevoir qu'en admettant que l'électricité positive est plus mobile que les atomes, qu'elle est plus vivement attirée qu'eux, qu'elle les précède dans le mouvement attractif, et qu'elle va par conséquent surcharger le produit de la combinaison ; mais qu'il n'en est pas de même de l'électricité négative, qui, elle, nous le savons, serait inhérente aux atomes.

Ce fait est, on le voit, en parfaite harmonie avec ma théorie électro-statique et la confirme. La théorie générale des combinaisons sera donc celle-ci :

Si deux corps de nature différente et susceptibles de se combiner sont mis en présence l'un de l'autre, les atomes du corps dit électro-négatif n'attireront pas seulement les atomes du corps dit électro-positif, ils en attireront aussi l'électricité positive interstitielle. Le corps dit électro-positif, lui, ne pourra attirer que les atomes du corps électro-négatif : il solliciterait bien sans doute, puisque ses atomes sont en réalité plus électro-négatifs que cette électricité, l'électricité positive interstitielle du corps électro-négatif; mais celle-ci est naturellement mieux retenue par celui-ci qu'elle n'est sollicitée par celui-là. Il n'est donc pas étonnant que, par l'effet de l'attraction réciproque des deux genres d'atomes, de l'électricité positive se porte avec vivacité du corps électro-positif au corps électro-négatif, que le corps électro-positif témoigne sur le point opposé à la combinaison une tension électro-négative, et qu'enfin le produit matériel de la combinaison manifeste une surcharge notable d'électricité positive.

Quant au maintien de la combinaison, il ne sera pas seulement le résultat de l'attraction réciproque des deux sortes d'atomes, mais encore, comme je l'ai déjà établi, celui de la double adhésion à leur égard de l'électricité interstitielle qui les sépare.

Je passe à l'étude des affinités.

Quand trois atomes de nature différente et par conséquent de pouvoir électro-négatif différent sont mis en présence les uns des autres, le plus électro-positif d'entre eux ne se combine pas toujours avec le plus électro-négatif : il se combine souvent de préférence avec celui dont le pouvoir électrique tient le milieu entre les trois. C'est cette tendance particulière, paraissant faire exception à la loi générale des combinaisons telle que l'ont posée OErsted et Bérzélius, qui a reçu le nom d'affinité élective.

Nous avons déjà vu que Berzélius avait admis dans sa théorie que ces effets ne peuvent être attribués qu'à une plus forte polarité électrique des atomes dans certains corps que dans d'autres. Nous avons encore vu que M. Becquerel dans la sienne avait exprimé que si l'électricité est la cause des phénomènes chimiques, les affinités peuvent être elles-mêmes dans ces phénomènes une des causes du développement d'électricité. Or, ces deux manières de voir me semblent être identiques à celle-ci : lorsque certains corps sont mis en présence, leur nature particulière peut faire exalter leur mouvement électrique ou de réciproque attraction au-delà du degré que leur assignerait leur rang dans l'échelle électrique générale des corps. Il est certain, en effet, que l'intensité des mouvements électriques auxquels ils sont soumis en pareil cas se conforme aux degrés de l'affinité.

Il n'y aurait donc pas lieu de considérer les mouvements d'affinités comme des mouvements indépendants de l'électricité; mais il faudrait simplement les regarder comme des surcroîts d'intensité de cette électricité dans certaines circonstances particulières.

Ces circonstances que sont-elles en essence? Elles dépendent de la nature des corps, comme en dépendent leur couleur propre, leur odeur propre, leur timbre propre, etc., etc.; mais leur essence nous est inconnue.

Toutefois, il faut le dire, ces circonstances particulières peuvent donner un cachet spécial à l'électricité dont elles déterminent l'augmentation d'intensité; ce qui tendrait à faire penser que chaque corps possède une électricité propre, comme il possède une couleur propre, une odeur propre, etc., etc. Les faits suivants vont venir à l'appui de cette nouvelle manière de voir.

Il résulte des expériences de M. de Humboldt (1) que certains corps, tels que le verre échauffé, les vieux os bien séchés et blanchis, l'air raréfié, la flamme, etc., sont d'excellents conducteurs de l'électricité des machines, et sont au contraire isolants dans les expériences galvaniques. On sait que l'eau liquide, la vapeur d'eau et l'épiderme sec conduisent très bien l'électricité ordinaire et fort mal l'électricité galvanique. Il est incontestable qu'au contact de nos organes les divers corps impressifs donnent lieu à des développements d'électricité, et que cependant la qualité des impressions varie avec chaque agent d'impression. Enfin, je ferai voir plus tard que l'électricité qui accompagne les rayons calorifiques et lumineux diffère aussi d'une manière notable des autres électricités.

Ainsi, la cause des affinités, c'est-à-dire la nature des corps, semblerait provoquer dans chacun d'eux une électricité spéciale; et cela se conçoit bien si l'électricité, c'est-à-dire le mouvement attractif, s'opère en définitive selon les préférences de chacun des corps desquels elle émane. Que l'on suppose en effet l'électricité sans ce cachet spécial, il n'y aura plus d'effet d'affinité, il n'y aura plus qu'un effet électrique commun. Pour appuyer cette opinion je prends un exemple, et je le choisis dans l'exercice d'une cause d'affinité sur un nerf. Je suppose que le corps mis au contact du nerf ait plus d'affinité pour certain

____

(1) *Expériences sur le Galvanisme,* trad. de JADELOT : Paris, 1799, p. 454, 458, 459 et suiv.

élément de ce nerf, par exemple pour l'hydrogène, que pour les autres : il est clair que l'électricité mise en jeu dans un pareil cas s'exercera plutôt entre ce corps et l'hydrogène du nerf qu'entre ce corps et les autres principes élémentaires du tronc nerveux, et par conséquent que l'électricité aura le cachet spécial de cette sorte d'affinité.

Si telle est l'affinité, on voit que la matière n'est pas inerte sous le rapport électrique, comme l'entendait Franklin dans sa théorie électro-statique, mais que dès l'instant que ses atomes sont doués d'un pouvoir électif, il faut les reconnaître doués d'un pouvoir attractif.

En dernière analyse, je me sens autorisé à dire que l'électricité n'est qu'un procédé d'attraction ; mais que l'affinité en est une cause, prenant simplement cette électricité pour moyen.

On a dit, il est vrai, que le déplacement des corps les uns par les autres, dans une foule de réactions chimiques, n'était pas toujours dû à une influence électrique. « Le chlore, dit M. Baudrimont (1), chasse le brôme des composés dissous dans l'eau ; celui-ci chasse l'iode dans les mêmes circonstances. Il est remarquable que, dans les séries des corps iso-dynamiques, ce sont les corps dont les molécules sont les moins pesantes qui chassent celles qui le sont le plus ; ainsi les poids des molécules du chlore, du brôme et de l'iode sont entre eux : : 442 : 978 :

____

(1) *Traité de Chimie générale et expérimentale*, t. I, p. 255 ; Paris, 1844.

1469. Les molécules du fer, pesant 339, déplacent celles du cuivre, pesant 395 ; celles-ci chassent celles de l'argent, pesant 675. Le poids des molécules paraît donc n'être pas étranger à ces sortes de réactions. »

: Il est facile de combattre une pareille opinion : j'ai déjà fait remarquer, à l'occasion de la théorie des densités, les relations qui existent entre les deux éléments essentiels de la densité, à savoir les poids atomiques et les distances inter-atomiques, et le pouvoir électro-négatif des corps. Eh bien ! voici le cas de faire remarquer, 1° qu'un corps dont les atomes sont très pesants doit, en thèse générale, être moins apte aux combinaisons que celui dont les atomes le sont peu ; car la force attractive qui agit sur ses particules, de manière à les rendre plus lourdes, exerce une sorte de révulsion à l'égard de toutes les autres forces qui peuvent le solliciter (1) ; 2° que l'influence

(1) On pourrait mettre en doute la possibilité de cette sorte de révulsion ; j'invoque en sa faveur le fait suivant : Davy disposa trois vases, le premier contenant de l'eau pure, le troisième une dissolution saline, et celui du milieu de l'eau bleuie avec du sirop de violettes. Après avoir mis en communication les deux pôles de la pile avec les deux vases extrêmes, le sel fut décomposé par le courant ; et, dans le vase d'eau pure, il trouva ou l'acide ou la base, suivant qu'il avait disposé les pôles dans un sens ou dans un autre. « Mais voici ce qu'il y eut d'extraordinaire, fait remarquer M. Bouchardat, l'eau colorée ne rougit ni ne verdit quand l'acide ou la base la traversait ; rien n'est cependant plus sûr que l'un ou l'autre était en contact avec cette eau pendant un certain temps. Les corps semblent donc perdre toute leur réaction chimique pendant le temps qu'ils sont sous l'influence de l'électricité. »

du rapprochement des atomes dans l'état d'agrégation s'exerce d'une manière analogue : car le fluide adhésif qui retient les molécules les unes à côté des autres doit, s'il est très actif, autrement dit, s'il a beaucoup d'attraction pour ces molécules, moins bien obéir à toute autre sollicitation attractive et moins bien permettre à ces mêmes atomes de se dissocier pour aller se combiner avec d'autres ; cela est si vrai que, pour préparer les corps aux combinaisons, on a le plus souvent le soin de rompre ou de diminuer leur état d'agrégation.

On voit donc par là que les modifications apportées aux mouvements de combinaison des corps par l'influence des poids atomiques sont loin d'être en opposition, comme on l'a dit, avec les lois électriques générales et en sont au contraire une conséquence, et qu'il en est de même de l'influence de l'état d'agrégation.

§ X. — *De la pile voltaïque.*

M. Pouillet a reconnu que, dans la combustion, le produit formé, l'oxide, prend un excès d'électricité positive, tandis que le combustible donne sur le point opposé à la combustion des signes d'électricité négative. J'ai déjà dit que c'était de ce phénomène que M. Becquerel avait fait émaner la loi électrique générale des combinaisons, et, pour mon compte, j'ai déjà fait concevoir comment, en pareil cas, le produit formé se charge d'électricité positive et non pas d'électricité négative. Eh bien! ce phénomène sera encore, comme je vais le prouver, le phénomène fondamental de la constitution de la pile.

Ce qui se passe pendant la combustion se fait en effet encore remarquer lorsqu'un métal est attaqué par un acide ou simplement par de l'eau acidulée : alors on voit s'établir un courant électrique qui se porte, dans le métal, du point respecté par le réactif au point attaqué, en surchargeant celui-ci d'électricité positive et en la faisant même passer à l'acide.

Si deux métaux sont mis en contact avec le réactif et sont réunis par le fil du galvanomètre, le sens du courant a généralement lieu du métal le moins attaqué au plus attaqué; ce qui se conçoit très bien, le second étant celui qui cède le plus d'électricité positive à l'acide.

Si les deux métaux se touchent ou même sont soudés l'un à l'autre, et tel est le cas des métaux formant chaque couple de la pile voltaïque, l'effet est le même.

Il faut dire que, en pareilles circonstances, le métal le plus oxidable protége, au moins en partie, le moins oxidable contre l'oxidation, en lui enlevant incessamment de son électricité positive, de cette électricité qui, sans cela, attirerait sur celui-ci l'oxigène du réactif. C'est sur ce principe qu'a été fondé le conseil de Davy de garnir d'armatures de zinc le cuivre employé au doublage des vaisseaux.

Il est clair enfin que moins le métal le moins oxidable d'un couple de pile sera oxidable, plus l'oxidation aura lieu sur le plus oxidable, et plus

alors celui-ci cédera de l'électricité positive à l'oxigène du réactif, plus, autrement dit, son pôle sera
positif et le pôle de l'autre métal négatif. Cela est
clair, parce qu'une plus grande quantité de l'électricité positive des deux métaux sera employée à l'oxidation d'un seul.

S'il en est ainsi, il n'est pas besoin d'attribuer au
contact des métaux, comme l'avait fait Volta, un
pouvoir électro-moteur indépendant de l'action chimique. M. Bouchardat a fait voir que le pouvoir
électro-moteur du zinc était représenté par 79 dans
son contact avec le platine, par 65 dans son contact
avec l'or, et par 51 dans son contact avec l'argent.
Il en a conclu sans doute à tort, et dans l'intention
d'appuyer la théorie de Volta, que le développement
de la force électro-motrice est antérieur à l'action
chimique; mais ses expériences restent, et elles me
donnent l'occasion de prétendre que ce que Volta et
M. Bouchardat lui-même ont appelé la force électro-
motrice de contact n'est qu'une circonstance de l'action chimique, une circonstance qui, ainsi qu'on
vient de le voir plus haut, la favorise singulièrement.

Je le répète, en d'autres termes, de deux métaux
mis en contact et soumis à une influence oxidante,
le plus oxidable emprunte à l'autre son électricité
positive pour mieux s'oxider, et l'empêche ainsi de
se combiner lui-même avec l'oxigène; moins ce
second métal est oxidable, plus il cède au premier
de l'électricité positive, qu'il ne peut ainsi employer
à sa propre oxidation, et plus alors se trouve exagérée

l'influence des deux pôles de nom contraire déterminés à la surface libre des deux métaux.

Les phénomènes dont je viens de parler ont lieu dans la pile avec cette autre circonstance d'un mouvement électrique circulaire. L'oxide de zinc, formé par la réaction de l'oxigène de l'eau acidulée sur le zinc, se charge d'électricité positive prise à ce métal; ce métal la remplace par un emprunt fait au cuivre, dont la face libre devient par ce fait très électro-négative et très peu oxidable : mais l'oxide de zinc et du reste aussi l'hydrogène de l'eau décomposée, étant chargés d'électricité positive, se portent alors avec vivacité vers le cuivre et lui restituent l'électricité positive que le zinc lui avait prise et va continuer à lui emprunter. Ainsi s'exécute le mouvement électrique circulaire de la pile, et il s'exécute d'autant plus vivement que le zinc s'oxide plus et que le cuivre s'oxide moins. Que l'on remplace le cuivre par des métaux moins oxidables, tels que le platine, l'or, l'argent, etc., l'effet électro-moteur sera plus énergique encore.

§ XI. — *Des courants électriques.*

Si l'on joint les deux pôles d'une pile par un conducteur, celui-ci transmet l'électricité positive au pôle négatif, et c'est cette transmission qui constitue, dans ma théorie, *le courant électrique.* L'équilibre ne peut avoir lieu entre les électricités des deux pôles, tant que la pile fonctionne et sépare sans cesse l'électricité interstitielle de l'électricité atomique.

La plupart des physiciens admettent qu'il se transmet toujours dans le conducteur un courant négatif marchant en sens inverse du courant positif. Il est certain que dans un cas, dans le cas particulier de la décomposition d'un électrolyte (1), on voit s'effectuer un double transport de l'élément matériel électro-positif au pôle négatif, et de l'élément matériel électro-négatif au pôle positif. Mais si ce fait est vrai, la conclusion des physiciens en question va trop loin. Sans doute, le pôle positif sollicite vers lui l'électricité négative inhérente aux molécules du pôle négatif et du conducteur; sans doute, il se transmet un courant négatif du pôle négatif au pôle positif, lorsque certaines particules matérielles sont, par suite de cette sollicitation, transportées du premier au second, puisque ces particules sont de leur nature électro-négatives; mais s'il est vrai, comme je l'admets, que l'électricité négative soit inséparable des atomes de la matière, il est clair que, lorsqu'on n'observe pas de transport de matière du pôle négatif au pôle positif, il ne peut y avoir de courant négatif proprement dit : il n'y a, dans ce cas, qu'une simple tension électrique du premier vis-à-vis du second; et le véritable courant, le seul courant en pareil cas, s'effectue du second au premier. Aussi, quand un courant rencontre un obstacle, celui-ci est-il transporté, brisé ou renversé dans la direction du pôle positif au pôle

(1) Corps susceptible d'être décomposé par l'électricité.

négatif. C'est ce qui arrive, par exemple, lorsque, après avoir disposé deux cônes de charbon, l'un vis-à-vis de l'autre, aux deux pôles de la pile, on voit le cône du pôle positif perdre son poids au bénéfice du cône du pôle négatif. C'est ce qui arrive encore dans ces phénomènes de simple endosmose où, après avoir séparé dans un vase les deux portions d'un liquide peu conducteur par une cloison membraneuse, et avoir fait communiquer un compartiment du vase avec un des pôles de la pile et l'autre compartiment avec l'autre pôle, on voit les deux portions de liquide cesser d'être de niveau et le niveau s'élever du côté du pôle négatif.

On peut se demander pourquoi, dans ces cas, les atomes d'un corps plus ou moins bon conducteur se portent, surtout s'ils sont liquides, du pôle positif au pôle négatif, alors que l'électricité négative qui leur est propre semblerait devoir au contraire les faire porter au pôle positif : mais il est aisé de comprendre que, soit l'électricité positive qui forme l'atmosphère de chaque atome, soit celle qui forme le courant et qui, vu l'imparfaite conductibilité de tout corps pondérable, ne peut qu'augmenter la densité de la première, non-seulement tendent à neutraliser l'électricité négative des atomes, mais encore exercent sur eux une influence prononcée d'adhésion, qui les force de progresser dans le sens de l'impulsion électrique provoquée par la sollicitation du pôle négatif sur l'électricité positive du pôle positif.

L'action des courants ne se borne pas à ces effets mécaniques : elle donne encore lieu à des phénomènes chimiques, à des phénomènes magnétiques, et enfin à des phénomènes calorifiques et lumineux. Il sera question de ces effets à l'occasion des théories des décompositions chimiques, de l'électro-magné- tisme et des productions artificielles du calorique et de la lumière.

§ XII. — *Des décompositions chimiques, de la putré- faction, de la fermentation, etc.*

Les effets électriques produits dans les décomposi- tions chimiques sont inverses à ceux qui ont lieu dans les combinaisons. Ainsi, si, dans la combinaison par exemple d'un acide et d'un alcali, l'on voit le pre- mier laisser dégager de l'électricité positive et le second de l'électricité négative, on voit au contraire, dans la décomposition d'un sel, l'acide prendre un excès d'électricité négative et l'alcali un excès d'électricité positive. Cette loi est générale, d'après M. Becquerel.

J'ai établi plus haut que, dans les corps composés, les éléments matériels étaient réunis par deux pro- cédés d'attraction, d'un côté, par l'action du fluide électro-positif résidant dans les vides inter-atomiques, et, de l'autre, par les actions attractives réciproques des atomes. Eh bien ! on conçoit que, sous l'influence d'un courant, cet état d'association puisse cesser, et qu'en même temps l'élément matériel électro-négatif prenne un excès d'électricité négative et se porte au pôle positif de la pile, tandis que l'élément matériel électro-positif se chargera d'électricité positive et se portera au pôle négatif. En effet, le pôle négatif de la pile en activité sollicite inégalement les trois éléments essentiels de l'électrolyte, à savoir, son électricité positive interstitielle, la molécule électro-positive, ou pour mieux dire la moins électro-négative, et la molécule dite électro-négative : il est évident qu'il attire vivement la première, moins vivement la seconde, et moins vivement encore la troisième. Eh bien ! il résulte de là que l'électricité positive interstitielle, se portant en grande partie autour et en avant de la molécule la moins électro-négative, l'entraînera vers le pôle négatif, quoique celle-ci ait par elle-même de la tendance vers le pôle positif, que cette molécule précédera et laissera à distance la molécule la plus électro-négative, dès ce moment moins bien liée à elle et moins bien attirée dans la même direction, et que celle-ci, privée du reste de son atmosphère d'électricité positive qu'elle aura cédée à l'autre molécule, se séparera d'elle et se portera, d'après ses tendances attractives naturelles, vers le pôle positif. Sans doute le pôle positif semblerait devoir lui céder immédiatement de l'électricité positive, mais, au moment où cette cession semblerait devoir se faire, la séparation des deux molécules n'en serait pas moins consommée, et en définitive, au moment de la séparation, la molécule électro-négative n'en témoignerait pas moins une forte tension électro-négative.

L'électricité est sans doute l'agent le plus puissant des décompositions chimiques : cependant des décompositions ont souvent lieu à la suite des actions du calorique et même de la lumière. Mais, on se le

rappelle, il résulte de ma troisième loi générale, que
le calorique et la lumière, en se portant sur un corps,
y mettent l'électricité en mouvement : on doit dès-
lors attribuer les mouvements de décomposition que
l'on observe à la suite des influences calorifique et
lumineuse, au moins en partie aux mouvements électriques que ces influences provoquent au sein des
particules des corps composés.

Certains corps sont surtout décomposables. sous
les actions de la lumière et du calorique : ce sont les
substances organiques mortes, dont les combinaisons
sont, comme on le sait, excessivement instables ; mais
l'électricité provoque leur décomposition avec une
facilité plus grande encore : les mouvements électriques provenant des influences de calorique et de
lumière sont donc incontestablement des causes de
cette décomposition, je ne dis pas sans doute à l'ex-
clusion de ces influences, quoique leur action dé-
composante propre ne soit pas démontrée, mais au
moins conjointement avec ces influences.

Il est digne de remarque que le mouvement de
décomposition d'une substance organique morte, une
fois commencé sur une première série de molécules,
puisse s'entretenir et se propager par lui-même. La
raison en est fort simple : tout mouvement de décomposition donne lieu à des dégagements d'électricité : or, si les courants que la décomposition organique fait développer dans une première série de
molécules ou dans un *ferment* viennent à rencontrer
d'autres molécules, des molécules, comme les premières, à combinaisons excessivement instables, ils

tendront à les faire décomposer ; celles-ci se décomposant donneront lieu au développement de courants semblables qui iront faire décomposer les molécules suivantes, et ainsi de suite jusqu'à la complète décomposition de la substance organique (1). Néanmoins les produits élémentaires de la décomposition organique pourront, soit en vertu des mouvements électriques généraux dont ils seront le siége, soit en vertu de leurs affinités particulières, former de nouveaux produits organiques plus compliqués qu'eux-mêmes, tels que l'alcool, l'acide acétique, le gras de cadavre, etc., etc.

Le genre d'électricité dégagée des corps organiques en décomposition varie, on le sent bien, c'est-à-dire est positif ou négatif, selon que l'ensemble des produits gazeux dégagés a les caractères de l'acidité ou de l'alcalinité (ammoniacale). En effet, d'après les lois de l'électro-chimie, quand un acide se dégage d'une décomposition, il emporte avec lui de l'électricité négative, tandis que l'inverse a lieu quand c'est de l'ammoniaque qui est mis en liberté.

Il résulte des expériences de Pringle (2) que l'acidité domine dans l'ensemble des produits dégagés de la fermentation végétale, et que l'alcalinité ammoniacale est prédominante dans l'ensemble des produits de la fermentation animale, du moins quand celle-ci

(1) J'ai déjà exposé cette théorie de la décomposition organique, dans la *Nouvelle Théorie de l'action nerveuse et des principaux phénomènes de la vie*, Paris, 1843-1845.

(2) *Traité des Septiques et des Antiseptiques.*

est depuis quelque temps établie. Ces deux sortes de
fermentation doivent donc offrir, en général, l'une
par rapport à l'autre, des résultats électriques inverses.

D'après les expériences de Guntz, des molécules
en fermentation peuvent, ainsi que les produits de la
fermentation, être emportées dans l'atmosphère avec
de la vapeur d'eau. Elles peuvent donc offrir, dans
cette nouvelle condition, qui constitue l'*état mias-
matique*, l'un ou l'autre type électrique.

Enfin, dans cet état de la matière organique,
chacun de ces types peut lui-même présenter de
nombreuses variétés, du moment que les substances
en fermentation varient elles-mêmes de nature et
présentent dès-lors de nombreuses conditions d'affinités électives.

Que l'on suppose des molécules de ces substances
en rapport avec des nerfs vivants, elles devront nécessairement les impressionner, chacune selon son
type électrique et sa variété de type.

Qu'on les suppose mêlées au sang et en rapport
avec les divers tissus de l'organisme vivant, elles
pourront non-seulement continuer dans cette position leur mouvement de décomposition, mais souvent encore, selon leurs affinités, le propager, par fait
de *contagion*, à ce sang et à ces tissus. Enfin elles
pourront même, si le sang reste naturellement ou
accidentellement stationnaire dans certains organes,
s'y décomposer librement et s'y multiplier comme
matière fermentante sans en être immédiatement
éliminées, et puis, à certains moments donnés périodiques ou non, se répandre, ainsi multipliés comme

matière fermentante, dans le reste de l'organisme et y provoquer périodiquement ou non des réactions organiques plus ou moins formidables (1).

§ XIII. — *Des phénomènes électro-magnétiques.*

C'est en 1820 que OErsted fit l'importante découverte des phénomènes électro-magnétiques. L'expérience fondamentale de ce physicien fut celle-ci : si une aiguille aimantée librement suspendue est placée à peu de distance d'un courant, au-dessus ou au-dessous de lui, à sa droite ou à sa gauche, elle tend à se dévier perpendiculairement à ce courant ; le sens de la déviation change suivant que l'électricité positive arrive d'un côté ou de l'autre du fil conducteur.

Plus tard, Arago obtint les deux résultats suivants : Un courant, tant qu'il dure, attire la limaille de fer. Une aiguille d'acier placée dans l'axe d'un cylindre, autour duquel on a enroulé en spirale un fil conduc-

(1) J'ai déjà fait ressortir ces points de doctrine physiologique et pathologique dans les publications suivantes : *Nouvelle Théorie de l'action nerveuse*, etc., chap. XVI. — *Nouvelle Théorie des fièvres intermittentes des marais.* (Gazette-médicale de Paris, du 30 janvier 1847). — *Mémoire statistique et théorique sur les alternatives quotidiennes d'augmentation et de diminution du volume des rates engorgées pendant les fièvres intermittentes.* (Extrait de la Gazette médicale des 23 et 30 juin 1849).

teur, s'aimante si l'on fait passer un courant dans ce fil : le pôle boréal se manifeste à l'extrémité par laquelle entre le courant.

Je passe à la théorie de ces phénomènes :

Par la raison qu'un corps est compressible, par la raison encore que, sous l'influence de la température, de l'action chimique, etc., etc., il est toujours susceptible de dilatation et de contraction, les physiciens admettent que ses atomes sont isolés les uns des autres dans son épaisseur, qu'ils peuvent même s'y mouvoir séparément. On pressent par là quelle peut être l'action d'un courant sur l'atmosphère électrique de ces atomes, quand il est plus rapide d'un de leurs côtés que de l'autre, ce qui doit avoir lieu presque toujours.

Ampère, dans la magnifique théorie où il ralliait les uns aux autres les phénomènes de l'électro-magnétisme et de l'électro-dynamisme, a été le premier à admettre, pendant l'action d'un courant longitudinal, des courants tournant autour des molécules du conducteur, de manière à ce que les axes de rotation fussent perpendiculaires à la direction même du courant longitudinal. Mais si, par l'hypothèse d'un pareil mouvement rotatoire, il expliquait de la manière la plus claire les phénomènes en question, il compliquait singulièrement, par la théorie électro-statique en vertu de laquelle il admettait deux atmosphères électriques autour de chaque molécule, l'explication même de ce mouvement.

Ma théorie électro-statique rend un compte plus simple, ce me semble, du mouvement rotatoire de l'électricité ou plutôt d'une partie de l'électricité qui entoure les molécules, puisque cette électricité qui est positive ne les pénètre jamais et que l'électricité négative est toujours inhérente à leur substance. Ainsi, selon moi, toute l'électricité positive qui siége dans les interstices serait sollicitée, dans le cas d'un courant, à suivre le trajet du conducteur; mais, comme les molécules sont par nature électro-négatives, elles retiennent encore autour d'elles une certaine quantité de cette électricité positive, et c'est cette quantité qui, pour peu que le courant soit plus intense d'un côté que de l'autre des molécules, tourne autour d'elles et les aimante, comme des courants circulaires aimantent l'aiguille d'acier renfermée dans le cylindre d'Arago.

Ampère a, d'après l'expérience, reconnu les trois grandes lois suivantes :

1º Les parties consécutives d'un même courant exercent entre elles une action répulsive;

2º Deux courants parallèles s'attirent s'ils sont dirigés dans le même sens, et se repoussent s'ils sont dirigés en sens contraire;

3º Les courants angulaires s'attirent quand ils vont tous deux en s'approchant ou en s'éloignant du sommet de l'angle, et ils se repoussent quand l'un s'approche et que l'autre s'éloigne du sommet de l'angle.

La première loi s'explique si l'on considère que, dans l'aimantation des molécules du conducteur par l'effet de la rotation de leurs atmosphères électriques, les pôles magnétiques de même nom des molécules consécutives sont nécessairement dirigés du même côté, ce qui provoque leur réciproque répulsion.

On se rend compte des deux autres lois en considérant : 1° que, lorsque les deux courants, soit parallèles, soit angulaires, vont tous deux en avant ou en arrière, les pôles magnétiques de même nom des molécules situées vis-à-vis les unes des autres dans les deux conducteurs se trouvent tournés du même côté, d'où il résulte qu'il y a opposition de deux pôles de nom contraire entre les molécules voisines des deux conducteurs, et qu'il y a par conséquent attraction de ces molécules; 2° que l'inverse a lieu quand les deux courants parallèles ou angulaires marchent en sens contraire.

Mais je dois faire remarquer qu'on ne saurait comprendre ces deux dernières lois sans admettre qu'il s'établit, par l'effet du voisinage des deux courants, un mouvement des molécules des deux conducteurs, tel que tous les axes de rotation deviennent parallèles entre eux dans les deux conducteurs, quand ceux-ci sont parallèles, et deviennent pour le moins parallèles au plan des deux conducteurs, quand ceux-ci sont angulaires. Ces nouvelles positions des axes sont très naturelles en effet, puisque les pôles magnétiques de nom contraire s'attirent et que ceux de même nom se repoussent. Or il faut observer que telle n'est pas la position primitive des axes des molécules, quand un courant marche isolément; car il résulte de l'expérience déjà citée d'OErsted que l'aiguille aimantée, placée à peu de distance du courant, tend à se dévier perpendiculairement à ce courant, quelle que soit sa position, à droite ou à gauche, supérieure ou inférieure, par rapport à lui.

Ainsi, je dois admettre que lorsque deux courants sont voisins l'un de l'autre, les molécules des deux conducteurs contractent entre elles une certaine polarisation.

§ XIV. — *Des phénomènes d'induction.*

« Voici une proposition générale, dit M. Bouchardat, qui résume assez bien les faits principaux de l'induction : *lorsqu'un conducteur fermé reçoit dans quelques-uns de ses points l'action d'un courant, il est traversé par un courant inverse ; lorsqu'il cesse de recevoir cette action, il est traversé par un courant direct, qui est plus faible que le courant inverse dont il vient d'être question ; il n'éprouve aucune modification apparente, il n'est traversé par aucun courant, lorsque l'action qui s'exerce sur lui est constante.* »

Les mêmes phénomènes ont lieu entre deux conducteurs voisins dont l'un est compris entre les deux pôles de la pile, et dont l'autre est en communication avec les deux fils d'un galvanomètre.

Ce sont ces phénomènes découverts par M. Faraday qui ont été appelés phénomènes *d'induction.* Voici sur ce sujet, je n'ose pas dire une théorie, mais quelques appréciations théoriques.

Il a été dit plus haut que, sous l'influence d'un courant, une partie de l'atmosphère d'électricité po-

sitive qui entoure chaque atome du conducteur, la
partie la plus voisine de cet atome, éprouve un mouvement de rotation qui lui fait contracter, aux extrémités de son axe de rotation, une polarité australe
et une polarité boréale. Je vais maintenant avancer
une supposition en accord avec la proposition générale de M. Bouchardat : je vais supposer qu'un conducteur reçoive, par exemple, à sa gauche, selon
une file atomique a de sa longueur, l'action d'un
courant, pendant qu'à sa droite une autre file atomique b ne lui sera pas soumise; voici ce qui arrivera : il est clair qu'il y aura un mouvement de rotation de la partie d'atmosphère d'électricité positive
qui entoure de plus près chaque atome de la file a,
et que cette partie d'atmosphère tournera, de manière
à ce que sa direction générale soit celle du courant,
du côté du courant, à gauche, et lui soit opposée à
droite. La partie d'atmosphère marchant dans le sens
du courant, pendant qu'elle sera encore à gauche,
n'aura pas à se dévier, on le sent bien, en dehors de
celui-ci, influencée qu'elle sera par l'électricité négative qui, à un des bouts du conducteur, au pôle négatif, sollicite le courant. Mais en sera-t-il de même de
l'autre partie d'atmosphère, de celle qui est actuellement à la droite de l'atome et dont la direction générale est inverse à celle du courant ? Nullement : celle-
ci, étant, en vertu du mouvement de rotation,
dirigée vers l'influence électro-positive de laquelle
émane le courant, sera plutôt repoussée qu'attirée par
elle; et alors, pendant qu'une de ses portions restera
forcément adhérente à l'atome et continuera à tourner

autour de lui, une autre portion, d'autant plus dense que la répulsion du pôle positif aura été plus forte à son égard, sera projetée en dehors de la file atomique a, ira se porter sur la file atomique b que n'intéressait pas primitivement le courant, et prendra, d'après le sens rotatoire de la projection, un sens inverse à celui de ce courant.

Ainsi, voilà la file atomique b pénétrée par un courant induit inverse au courant conducteur. Ce nouveau courant fera, de son côté, tourner autour de chacun des atomes de cette file, mais en sens inverse de la rotation des atomes de la file a, une partie de l'atmosphère d'électricité positive qui les environne et les aimantera, en y déterminant un pôle austral et un pôle boréal. Mais que résultera-t-il de cette circonstance relativement aux atomes, déjà aimantés en sens inverse, de l'autre file, de la file a? Il arrivera que les deux atomes de même niveau dans les deux files tendront, en vertu de leurs polarités respectives, dès la moindre oscillation de l'axe de l'un d'eux par une cause quelconque et principalement sous l'influence du magnétisme terrestre, à mettre leurs axes sur une même ligne, de parallèles qu'ils étaient auparavant sur deux lignes : or, ceci les forcera de faire un quart de révolution autour d'un pivot qui serait perpendiculaire à ces axes. Eh bien! s'il en est ainsi, l'atmosphère d'électricité positive de l'atome de la file a n'aura plus d'action, pendant sa rotation, sur l'atome de la file b, et dès ce moment le courant induit cessera.

On le voit, c'est encore une véritable polarisation

qui, dans ma supposition, s'établira entre les atomes des deux files conductrices.

Supposons maintenant que le courant primitif, le courant inducteur vienne à cesser : comme, pendant leur aimantation, les atomes des deux files avaient été déviés de leur position naturelle par l'effet des influences réciproques de leurs pôles, ils reprendront dès cette cessation leur position antérieure. Mais observons ce qui se passe, d'après les expériences de M. de Larive, dans un conducteur qui vient d'être le siége d'un courant : immédiatement après l'ouverture du circuit, ce conducteur devient le siége d'un second courant, dit *secondaire*, dont la direction est inverse à celle du premier : or ce courant secondaire, en se développant dans la file atomique a, en provoquera nécessairement un autre par induction dans la file atomique b, et celui-ci sera évidemment direct relativement au courant primitif de la file atomique a. Remarquons que le premier courant induit ou inverse sera plus intense que le second courant induit ou direct, comme le constate l'expérience, puisque l'expérience constate aussi que le courant inducteur primitif est toujours plus intense que le courant inducteur secondaire.

Que l'induction ait lieu entre deux conducteurs séparés mais voisins, ou qu'elle se passe, comme je viens de le supposer, entre deux simples files atomiques d'un même conducteur, il est clair que son procédé sera dans les deux cas le même. Cependant, il faut le dire, l'induction a lieu dans le premier cas, alors même que les conducteurs sont l'un et l'autre entourés d'un fil de soie. Comment expliquerons-nous ce fait? Quand même l'influence magnétique, pour laquelle un fil de soie n'est pas un mauvais conducteur, ne pourrait pas, d'après la disposition matérielle qu'elle peut faire affecter aux molécules, rendre les corps plus aptes à recevoir l'influence électrique proprement dite, personne n'ignore du moins qu'alors même que les corps dits mauvais conducteurs, tels que le verre, la résine, la soie, etc., transmettent difficilement l'électricité proprement dite, ils n'en transmettent pas moins, comme le démontrent d'une manière évidente les phénomènes de l'électricité dissimulée, une influence plus subtile, si l'on veut, que l'électricité ordinaire, mais qui n'en est pas moins d'origine et de nature électrique. Personne ne doute, en effet, que l'épaisseur du verre d'une bouteille de Leyde ne transmette une pareille influence. Eh bien! il est impossible de ne pas, pour le moins, admettre une pareille influence dans le développement des phénomènes d'induction dont il vient d'être question.

§ XV. — Du magnétisme terrestre.

M. Biot, ayant cherché à lier par le calcul toutes les observations relatives au magnétisme terrestre, a été conduit à considérer la terre comme un aimant dont la distance des pôles serait d'une quantité indéterminée.

D'après les travaux d'Ampère, la terre agit, en

chaque lieu, sur un courant voltaïque, comme un aimant dont l'axe serait parallèle à l'aiguille d'inclinaison, ou comme des courants électriques tous dirigés de l'est à l'ouest dans le sens du mouvement apparent du soleil, lesquels existeraient à la surface ou dans l'intérieur du globe et dont l'intensité irait en croissant du pôle à l'équateur.

M. Barlow, en enveloppant un globe en bois de fils métalliques enroulés en spirale de l'est à l'ouest et parcourus dans le même sens par des courants électriques, a vu ce globe produire, sur une aiguille aimantée astatique et placée dans diverses positions, le même genre d'action que la terre imprime à une aiguille aimantée dans des positions analogues.

De son côté, Arago a vu une aiguille d'acier s'aimanter quand elle forme l'axe d'un cylindre autour duquel circule une spirale de courants.

Tous ces faits tendent à démontrer que les phénomènes magnétiques de la terre peuvent être le résultat de l'électricité en mouvement.

Je vais rechercher s'il peut naturellement circuler de l'électricité autour de la terre, comme M. Barlow en a fait circuler autour de son globe de bois, comme Arago en a fait circuler autour de son cylindre, comme Ampère suppose qu'il en circule autour de cette planète pour expliquer son influence sur les conducteurs mobiles.

J'ai été conduit précédemment à penser que les espaces extra-telluriques étaient occupés par un fluide ou éther électro-positif : ce qui est toutefois bien démontré, quant à ce point, c'est que l'atmosphère terrestre jouit d'une tension électro-positive, et que cette tension va en augmentant d'intensité à mesure qu'on la constate dans des régions plus élevées.

Après cela, on sait que la terre tourne sur elle-même de l'ouest à l'est. Mais si personne n'ignore que, dans son mouvement de rotation, elle entraîne son atmosphère et, par conséquent, les couches d'électricité positive qui lui sont les plus voisines, on ne saurait raisonnablement admettre que l'éther électro-positif qui lui est extérieur soit, à toutes les hauteurs, entraîné dans ce mouvement de rotation. On doit en effet arriver à un point, à mesure que l'on s'élève dans l'atmosphère, où le mouvement de cet éther se ralentit, et enfin à un autre, au-dessus de cette atmosphère, où il devient nul.

Eh bien! si, par le fait, ce ralentissement et puis cet arrêt de l'éther ont lieu, on peut aisément assimiler ces effets à des courants par rapport à la terre qui, elle, ne cesse pas de tourner avec la même vitesse, à des courants se portant de l'est à l'ouest, puisque cette planète tourne de l'ouest à l'est. Or, c'est précisément la direction de l'est à l'ouest que M. Barlow a affectée aux courants dont il a enveloppé son globe de bois; c'est précisément par l'hypothèse d'une telle direction qu'Ampère a pu satisfaire à l'explication de tous les phénomènes que l'influence du globe produit sur les conducteurs mobiles.

Ainsi l'axe de la terre paraît devoir s'aimanter sous l'influence de courants naturels se portant de l'est à l'ouest autour de ce globe, comme, d'après les expériences d'Arago, on voit s'aimanter une aiguille d'acier, quand elle forme l'axe d'un cylindre autour duquel circule une spirale de courants.

Si les courants dont je viens d'exposer la théorie me paraissent être la cause principale du magnétisme terrestre, ils ne sont pourtant pas les seuls qu'il faille prendre en considération dans le développement du phénomène ; et voici toute ma pensée à ce sujet :

Au moins, par le fait de leurs actions calorifique et lumineuse, les rayons solaires sont porteurs d'une influence électro-positive, et donnent lieu à des courants quand ils tombent sur la surface du sol. Ces courants, que l'on peut appeler photo-thermo-électriques, sembleraient devoir pénétrer directement la masse terrestre : mais il ne peut en être ainsi ; en voici la raison : le centre de la terre possède une température beaucoup plus élevée que celle de son écorce, ce qui lui fait déjà diriger vers celle-ci des courants thermo-électriques ; dès-lors les courants d'origine solaire, au lieu de tendre vers l'intérieur de la terre, ont à se dévier dans son écorce, qui est plus froide et, par conséquent, en dernière analyse, plus électro-négative que sa partie centrale.

Mais qu'arrive-t-il aux courants thermo-électriques provenant du centre de la terre ? Ils ne peuvent que difficilement se porter dans l'espace extra-tellurique, déjà occupé par un éther électro-positif; ils ont donc à se dévier aussi, du moins pour la plupart, dans l'écorce du globe.

Voyons maintenant quelle peut être, dans cette écorce, le sens de la déviation des uns et des autres courants. Voici deux données de problème :

1° Les régions polaires sont plus froides que les régions tropicales.

2° Le globe terrestre tourne sur lui-même de l'ouest à l'est : d'où il suit que les points de sa surface actuellement soumis au rayonnement du soleil, ainsi que les points de cette surface qui viennent d'être soumis à ce rayonnement et qui ont fui vers l'est, ont une température plus élevée que les points que cet astre va éclairer et échauffer et qui sont à l'ouest.

De ces faits il résulte que les courants photo-thermo-électriques et thermo-électriques, dont il a été question plus haut, semblent devoir se dévier dans l'écorce de la terre, vers le nord et le sud, et, notons ceci, vers l'ouest. Or, on se le rappelle, cette dernière direction est précisément la direction recherchée pour l'explication des phénomènes magnétiques du globe.

§ XVI. — *Du calorique spécifique des corps.*

Les divers corps absorbent ou émettent des quantités différentes de calorique, quand leur température s'élève ou s'abaisse d'un nombre égal de degrés. Ce sont ces quantités qui expriment la chaleur spécifique ou la capacité calorifique des corps.

Il résulte des travaux de Petit et Dulong, de Newmann, de M. Avogrado et de M. Regnault, cette loi remarquable, que la capacité calorifique des corps est en raison inverse de leurs poids atomiques. Mais on sait que, entre deux corps de nature différente et de masses également pesantes, le nombre des atomes est en raison inverse des poids atomiques : il suit de là, comme l'avaient exprimé Petit et Dulong, que, dans les divers corps, chaque atome est associé à une même quantité de calorique.

Ainsi, la loi du calorique spécifique devient l'analogue de celle de l'électricité spécifique déjà étudiée. D'après les deux lois, les molécules retiendraient autour d'elles, à l'état latent, d'égales quantités de calorique et d'égales quantités d'électricité positive. Il est probable qu'elles retiennent aussi d'égales quantités de lumière.

J'ai fait voir, dans ma théorie des poids atomiques, que ces poids sont généralement en raison directe des pouvoirs électro-négatifs : de cette loi et de celle de Petit et Dulong, de Newmann, de M. Avogrado et de M. Regnault que je viens de citer, il résulte que le calorique spécifique des corps est généralement en raison inverse de leurs pouvoirs électro-négatifs. Aussi M. Becquerel, après avoir reconnu, au moyen des actions thermo-électriques et du frottement, que les métaux pouvaient être rangés dans l'ordre suivant : bismuth, platine, plomb, étain, cuivre, or, argent, zinc, fer et antimoine, chaque métal étant positif par rapport à celui qui le précède et négatif relativement à celui qui le suit, s'est exprimé ainsi : « En cherchant, parmi les propriétés des corps, celles qui ont quelques rapports avec les précédentes, on ne trouve que la chaleur spécifique, car l'ordre des métaux rangés suivant leur chaleur spécifique est : bismuth, plomb, or, platine, argent, antimoine, zinc, cuivre et fer.

Quoique dans les deux tableaux le rang de chaque métal ne soit pas le même, on voit cependant qu'à peu d'exceptions près les métaux les plus électro-négatifs sont ceux qui ont le moins de chaleur spécifique (1). »

Mais, il peut paraître singulier que le calorique, que j'ai dû considérer, dans la première partie de ce travail, comme un agent électro-positif, se trouve associé aux molécules électro-positives en aussi grande quantité qu'aux molécules électro-négatives, et même; dans deux masses également pesantes, se trouve en plus grande quantité combiné avec la plus électro-positive qu'avec la plus électro-négative. Or cela ne doit nullement surprendre, si on se rappelle ce que j'ai déjà exposé comme ressortant des théories des densités et de l'électricité spécifique des corps, à savoir : 1° que, à mesure que les corps sont plus élec-tro-négatifs, ils sont généralement plus denses et offrent dès-lors des interstices plus petits; 2° que le nombre des atomes est, à poids égal des corps, en raison inverse des poids atomiques. Il résulte, en effet, de la première loi qu'il n'est pas en général permis aux corps les plus électro-négatifs d'admettre de plus grandes quantités de fluides interstitiels que n'en admettent les corps les moins électro-négatifs; et il résulte de la seconde que les corps les plus élec-tro-négatifs, qui sont ceux qui présentent en général le plus de poids atomiques, ont, à poids égal de masses moins d'atomes que les moins électro-négatifs, et

____

(1) *Éléments d'électro-chimie*, p. 45.

par conséquent moins de vides inter-atomiques pour
admettre les fluides interstitiels en question.

En général, quand un corps augmente de volume,
soit simplement en se dilatant, soit surtout en chan-
geant d'état, il se refroidit, autrement dit, il absorbe
son propre calorique, autrement dit encore, il
acquiert une plus grande capacité calorifique. Il doit
en être ainsi, dès l'instant que, par l'augmentation de
volume, il y a tendance à la dissociation des atomes
et par conséquent augmentation de leur force de
combinaison à l'égard des corps étrangers en général
et du calorique en particulier, et, de plus, augmentation de la capacité des vides inter-atomiques.

L'inverse a lieu, bien entendu, quand un corps
diminue de volume.

Ainsi la densité des corps exerce, comme leurs
poids moléculaires, une influence incontestable sur
les capacités calorifiques, une influence telle qu'avec
les plus grandes densités il y a en général les moindres capacités calorifiques, quoiqu'il y ait en même
temps en général les plus grands pouvoirs électro-
négatifs. Mais, on l'a vu, cette dernière circonstance
ne saurait infirmer l'influence électro-positive du
calorique ; car faut-il encore, d'une part, que le calorique puisse trouver place dans les vides inter-atomiques des corps, pour s'associer à leurs atomes, —
et ces vides diminuent de capacité avec les plus
grandes densités ; — faut-il encore, d'autre part, qu'il
trouve à s'associer à un nombre suffisant d'atomes,
— et ce nombre diminue avec les poids atomiques
les plus considérables, qui, avec les plus grandes

densités, paraissent en général dépendre des plus grands pouvoirs électro-négatifs.

§ XVII. — *De la dilatation.*

A mesure qu'un corps s'échauffe, il se dilate et ses molécules deviennent en général plus attractives à l'égard des molécules d'autres corps. Je me suis déjà demandé, à propos de la théorie des densités, si le premier de ces phénomènes n'était pas, au moins en partie, le résultat du déplacement par le calorique de l'électricité positive interstitielle, de cette électricité qui m'a paru devoir cimenter les atomes des corps, et qui ne saurait être bien remplacée pour ce but par le calorique. Quant au second phénomène, il en sera question dans le prochain paragraphe.

On ne peut affirmer que le calorique soit d'une manière absolue un agent de dilatation : il est probable au contraire, puisqu'il jouit d'une certaine influence électrique, qu'il est un agent absolu de contraction. Mais il faut observer que son influence électrique est moins puissante que celle du fluide électro-positif qu'il déplace par son accumulation sur un corps, et que dès-lors, en se substituant à ce fluide, il va beaucoup moins bien que lui cimenter les atomes, et par conséquent devenir par rapport à lui un agent de dilatation.

Mais si le calorique n'est qu'un agent relatif de dilatation, et s'il est peut-être au contraire un agent absolu de contraction, quelle serait donc la cause absolue de la dilatation, ou si l'on veut de la répulsion? Je l'ai fait entendre plus haut à l'occasion de la théorie de l'attraction moléculaire, l'identité de l'électricité propre aux atomes, qui dans tous est négative, serait cette cause. Sans doute cette identité n'est pas absolue entre les atomes des corps composés, mais il est certain que si l'état d'agrégation n'y était pas fondamentalement étayé par l'action de quelque fluide adhésif siégeant dans leurs interstices, la différence de valeur de leur électricité négative propre ne serait pas suffisante pour le maintenir, puisque la substitution seule du calorique à l'électricité positive suffit, à un certain degré de température, pour vaincre cet état d'agrégation.

D'après les vues de M. Becquerel qui assimile la dilatation au clivage, c'est la dilatation produite par l'accumulation du calorique, et non pas directement cette accumulation, qui provoquerait les dégagements d'électricité qui vont former les courants thermo-électriques. Mais, si j'ai déjà pu démontrer, dans la première partie de cet ouvrage, que l'influence du calorique détermine la direction de ces courants plutôt dans un sens que dans un autre, des points échauffants aux points échauffés, il est évident que cette influence est directement pour quelque chose dans leur formation.

§ XVIII. — *De l'influence du calorique sur les combinaisons chimiques.*

Il a été dit plus haut qu'à mesure qu'un corps s'échauffe, ses molécules deviennent en général plus attractives à l'égard des molécules d'autres corps. Ce phénomène trouve encore son explication, comme celui de la dilatation, dans le déplacement par le calorique de l'électricité positive interstitielle. Il est clair en effet que si cette électricité vient à faire défaut, à ne plus cimenter convenablement les atomes, ceux-ci n'en sont que mieux disposés à obéir aux sollicitations d'affinité qui peuvent leur venir du dehors. Sans doute, dans ce cas, l'électricité interstitielle aura diminué de densité et cimentera moins bien les nouveaux atomes mis en présence; mais il est clair que la force d'affinité, c'est-à-dire l'attraction réciproque des atomes de différente nature, y suppléera.

§ XIX. — *De la production artificielle du calorique et de la lumière.*

Les moyens propres à provoquer des manifestations de lumière et de chaleur sont, d'une part, certaines opérations mécaniques, telles que la percussion, le frottement et la pression; d'autre part, la brusque diminution du volume des corps dans leurs changements d'état, l'influence des courants électriques, les actions chimiques, etc., etc.

Les opérations mécaniques et la brusque diminution du volume des corps me paraissent devoir produire les manifestations en question, en diminuant brusquement les capacités interstitielles des corps et en forçant ainsi les fluides qui y résident à s'en dégager. Mais les dégagements d'électricité sont ordinairement appréciables, notamment pendant les opérations mécaniques, avant les manifestations de calorique et de lumière : on peut dès-lors souvent attribuer celles-ci à l'action des courants développés pendant l'exercice de ces actions.

Voici quel est le mode général d'action des courants dans la provocation de ces manifestations.

D'après ce qui a été exposé dans la première partie de ce travail, on a déjà entrevu ce mode d'action. Quand un courant rencontre un obstacle, — et toute molécule matérielle est pour lui un obstacle plus ou moins résistant, — il tend, avant de le déplacer, de le briser, de le renverser ou simplement de le franchir, à le pénétrer : alors l'électricité positive qui forme le courant s'accumule forcément dans les interstices des molécules du corps qui forme l'obstacle, et en déplace la lumière et le calorique qui s'y trouvaient à l'état latent. Ainsi me paraissent s'expliquer les effets lumineux et calorifiques si remarquables de la pile, que la plupart des physiciens avaient cru devoir attribuer jusqu'ici à l'accumulation des deux fluides électro-positif et électro-négatif dans les interstices en question.

C'est bien, du reste, à la résistance qu'éprouve l'électricité positive à être transmise d'un corps à un autre ou d'une particule à une autre, et par conséquent à son accumulation forcée sur ces points, qu'il faut rapporter ces effets; puisque le fil qui réunit les deux pôles s'échauffe d'autant plus qu'il est d'un plus petit diamètre; puisque, lorsque le conducteur est formé d'une chaîne d'anneaux métalliques homogènes, c'est toujours aux points d'attache que se manifeste l'incandescence; puisqu'enfin, lorsque les anneaux de la chaîne sont de nature différente, ce sont toujours ceux qui sont formés des métaux les moins conducteurs qui s'échauffent le plus.

J'ai fait voir, en traitant des combinaisons chimiques, avec quelle vivacité le fluide électro-positif abandonne l'élément matériel négatif pour se porter sur l'élément matériel positif et sur le produit formé. On sent qu'il s'agit ici de l'action d'un véritable courant, ayant encore à déplacer du calorique et souvent de la lumière. La plus remarquable de ces combinaisons, sous le rapport des manifestations calorifique et lumineuse dont elle s'accompagne, est sans contredit la combustion. Je dois la traiter, sous ce rapport, avec quelques détails.

Les comburants sont des corps électro-négatifs relativement aux combustibles : ils ont donc, en général, moins de capacité que ces derniers pour le calorique et, à un certain degré de température, pour le calorique lumineux, et dès-lors ils les émettent plus facilement, d'une manière ostensible, sous les influences susceptibles de provoquer cette émission.

Supposons qu'un comburant, de l'oxigène par exemple, soit mis à la portée d'un combustible en ignition, il en attirera vivement les molécules, plus vivement le calorique et la lumière qui s'y trouvent à l'état latent, mais plus vivement encore le fluide électro-positif. Mais quand ce dernier tend à se combiner avec un corps, il tend à en déplacer le calorique et la lumière qui s'y trouvent à l'état latent : il suit de là que comburant et combustible auront l'un et l'autre du calorique et de la lumière à émettre ; mais que, si le combustible en émet tout d'abord par le fait de l'attraction exercée par le comburant, celui-ci n'en attire plus et en émet, au contraire, dès qu'il se combine avec le fluide électro-positif : d'où il est facile de voir que le combustible tend à se recombiner avec les deux fluides en question, et qu'il n'en est pas de même du comburant. Dès-lors et en dernière analyse, le comburant, qui est celui des deux corps qui pendant la combustion se charge de la plus grande quantité d'électricité positive, est au contraire celui qui, pendant la durée de ce phénomène, perd le plus de calorique et de lumière.

Lorsque la combustion s'effectue entre deux corps réputés combustibles, on n'observe généralement qu'une faible manifestation de calorique ; et cela doit être, d'un côté, parce que celui des deux corps qui joue le rôle de comburant n'attire que fort peu les impondérables qui sont renfermés à l'état latent dans celui qui joue le rôle de combustible, et, d'un autre côté, parce que ce même comburant ne reçoit du combustible qu'une faible quantité d'électricité positive, de cette électricité qui, entre un comburant et un combustible bien tranchés, c'est-à-dire doués d'une grande affinité l'un pour l'autre, serait susceptible de provoquer de vives manifestations de calorique et de lumière.

Mais, il faut le dire, les phénomènes calorifiques et lumineux obtenus pendant la combustion ne dépendent pas seulement de l'intensité des affinités existant entre le comburant et le combustible; ils dépendent encore, on le sent bien, et des capacités calorifiques des parties composantes et du composé, et de l'état solide, liquide ou gazeux de ce dernier. D'où l'on voit que la question du rendement de calorique et de lumière, pendant la combustion, est, sous le rapport de la quantité et de l'origine de ces agents, extrêmement complexe.

La propagation de la combustion s'effectue par le mutuel appui de l'accumulation de calorique et de lumière et de la combinaison du comburant et du combustible. L'accumulation de calorique et de lumière, qui est, nous l'avons déjà vu, une cause d'attraction pour les deux corps, est, par ce fait, une cause de combustion; tandis que la combustion, c'est-à-dire la combinaison des deux corps, alimente elle-même sans cesse l'incandescence, au moyen des dégagements de calorique et de lumière auxquels elle donne lieu, notamment par le fait de l'association du comburant avec le fluide électro-positif émané du combustible.

Je me résume sur tout ce que je viens d'exposer

relativement à la production artificielle du calorique et de la lumière : règle générale, toutes les causes qui font brusquement diminuer la capacité des vides inter-moléculaires d'un corps, et toutes celles qui y font développer ou circuler des courants électriques, peuvent y donner lieu à des manifestations de calorique et de lumière. Dans la combustion, c'est le corps le plus électro-négatif qui émet le plus de ces deux fluides, parce qu'il est celui qui, d'après les lois de l'électro-chimie, se surcharge d'électricité positive.

§ XX. — *Du rayonnement calorifique et lumineux.*

Deux systèmes ont été proposés pour expliquer le phénomène du rayonnement du calorique et de la lumière : celui de l'*émission*, soutenu par Newton, et celui des *ondulations*, imaginé par Huyghens. C'est ce dernier qui, grâce aux travaux de Young sur les interférences, de Malus sur la polarisation, et de Fresnel sur la diffraction, a, en définitive, rendu compte du plus grand nombre de phénomènes et qui est généralement adopté aujourd'hui. Je vais l'appuyer des considérations suivantes :

J'ai dû, dans la première partie de cet ouvrage, admettre, en conclusion des travaux de Newton, de Fresnel, de Schéele, de M. Herschel et de M. Ed. Becquerel, cette 4ᵉ loi générale, à savoir : que, *dans le spectre solaire, l'influence électro-positive va en augmentant du rayon rouge au rayon violet.*

J'ai admis, en outre, dans la même partie, que si les ondes des divers rayons du spectre vont en diminuant d'amplitude ou de longueur, d'après Newton et Fresnel, du rouge au violet, c'est que le rayon violet, ainsi que ceux qui l'avoisinent, sont, en qualité des rayons les plus électro-positifs, les plus susceptibles d'être absorbés par les molécules éminemment électro-négatives de l'air atmosphérique.

Eh bien ! s'il en est ainsi, il est impossible d'admettre que le rayonnement calorifique et lumineux se fasse par procédé d'émission. En effet, si ce procédé avait lieu ; par exemple, à l'égard du rayonnement solaire, les rayons les plus électro-positifs, tels que les rayons violets et les rayons qui les avoisinent, ou bien seraient absorbés par l'immense quantité de molécules atmosphériques qu'ils auraient à traverser avant de parvenir à la surface de la terre, ou bien, tout au moins, ils ne se trouveraient pas, aux diverses distances parcourues, dans des rapports constants d'intensité avec les rayons rouges et les rayons avoisinant le rouge. Or ces rapports sont réellement constants à toutes les distances : il faut donc admettre que la lumière dite solaire se renouvelle à chaque onde lumineuse, autrement dit que, loin de se transmettre par procédé d'émission, elle se transmet par procédé de vibrations.

Mais il s'agit de s'entendre sur ce procédé de vibrations dont les physiciens sont loin d'avoir déterminé l'essence. On ne peut le concevoir qu'en admettant, là où se manifestent actuellement du calorique et de la lumière, une substance qui y résidait antérieurement et qui a vibré. C'est cette substance invisible, impalpable, impondérable et très élastique, constituant elle-même la lumière et le calorique au repos, ou plutôt contenant en elle-même à l'état de neutralisation la lumière et le calorique, qui a reçu le nom d'éther. Eh bien ! l'essence de son procédé vibratoire est facile à comprendre, si, comme je l'ai démontré, les causes des manifestations calorifique et lumineuse agissent à la manière d'influences électriques. Il devient patent, en effet, que sous leur action l'éther de chaque onde lumineuse ou calorifique devient électro-positif dans le sens de la marche des manifestations, et électro-négatif dans le sens inverse, autrement dit, que le procédé vibratoire en question est un procédé de polarité électrique. Quelquefois c'est l'électricité ordinaire elle-même qui donne lieu à ces vibrations : elle y donne lieu tantôt par l'effet de son accumulation dans les obstacles qu'elle rencontre, et tantôt par son mouvement dans le vide ou dans l'air raréfié, alors que les molécules de l'air, qui contribuaient avec l'éther à neutraliser les molécules lumineuses comprises dans leurs intervalles, ne sont plus assez nombreuses pour maintenir convenablement cet état de neutralisation.

La plupart des physiciens n'admettent qu'un éther qui, selon son mode de vibration, manifesterait tantôt de l'électricité, tantôt du calorique et tantôt de la lumière. Mais ils n'ont pas convenablement expliqué en quoi le mouvement vibratoire, qui donne lieu à la manifestation de ces fluides diffère de celui qui provoque la manifestation des autres ; encore moins ont-ils expliqué comment de telles différences de vibrations pourraient donner lieu aux manifestations spéciales observées.

Il n'est pas, en effet, nécessaire d'admettre plusieurs éthers, et l'on peut admettre que l'éther, agent électro-positif relativement à la matière, sert, dans l'espace et dans les interstices des corps, de gangue ou de matrice aux divers fluides, qu'il est électro-négatif relativement à eux et qu'il peut dès-lors, au moins en partie, les neutraliser. Mais, quant à la manière dont il peut faire manifester tel ou tel d'entre eux, on ne peut la concevoir, toujours en reconnaissant que le procédé vibratoire de l'éther est un procédé électrique, qu'en admettant que la cause électrique de la vibration est généralement spéciale pour chacun d'eux ; je dis généralement et non pas toujours spéciale, puisque nous savons que l'électricité ordinaire peut par elle seule faire développer de vives manifestations calorifiques et lumineuses, et qu'elle peut même dans ses courants entraîner l'éther, comme le prouvent la continuité et l'uniformité de l'incandescence sous l'influence d'un courant qui rencontre un obstacle.

Mais suis-je autorisé à admettre cette spécialité de l'électricité dans chacune des manifestations? Je vais laisser parler les faits.

Quand un rayon lumineux ordinaire se propage dans un corps transparent, il propage avec lui de l'électricité positive et du calorique ; mais on peut affirmer que cette électricité et ce calorique diffèrent de l'électricité et du calorique ordinaire; car lorsque lé corps transparent en question est, par exemple comme le verre, un mauvais conducteur de l'électricité et du calorique ordinaires, il n'en est pas moins un excellent conducteur de l'électricité et du calorique qui accompagnent les rayons lumineux.

Dans le spectre solaire, chaque rayon primitif ne transmet que la couleur qui lui est propre, et même plusieurs des rayons primitifs ne s'accompagnent pas de rayons calorifiques, lesquels ne se manifestent, comme on le sait, qu'aux environs du rayon rouge. Il semblerait cependant que l'électricité qui accompagne chacun de ces rayons primitifs devrait, à titre d'électricité positive, déplacer indistinctement de chaque molécule du corps transparent pénétré, tous les rayons lumineux et calorifiques qui s'y trouvent à l'état latent : mais il n'en est rien. Il faut donc admettre que chaque rayon primitif porte avec lui, ou, si l'on veut, propage avec lui une électricité différente de celle des autres rayons.

Si l'on rapproche ces faits 1° de ceux qui concernent les affinités électives des corps, d'après lesquels on voit les mouvements attractifs et répulsifs, tout en ne cessant pas de donner des signes d'électricité, n'être pas toujours subordonnés à l'ordre général des mouvements électriques; 2° de ceux qui ont trait à la cristallisation, dans lesquels on voit les mouvements attractifs atomiques d'un corps ou d'un groupe de corps différer complètement des mouvements attractifs atomiques des autres et aboutir à des résultats matériels différents ; 3° enfin de ceux qui concernent les sources diverses de l'électricité, dans lesquels il est aisé de reconnaître que l'électricité des machines diffère notablement, surtout relativement à la conductibilité dans certains corps, de l'électricité galvanique, on portera facilement cette conclusion, que j'ai déjà portée, à savoir : que les divers corps impondérables ou pondérables ont chacun une électricité propre, comme ils peuvent avoir une couleur propre, un mode de cristallisation propre, un timbre propre, une saveur propre, etc., etc.

Ainsi j'admets qu'il existe, non-seulement dans les interstices des corps, mais encore dans les intervalles qui séparent les diverses masses matérielles, une substance très subtile renfermant et neutralisant jusqu'à un certain point les fluides impondérables, susceptible de vibrer sous l'influence extérieure et toujours électro-positive de l'un d'eux, et alors de donner lieu, par voie de déplacement, à l'émission de ces fluides, mais de préférence, par l'effet de l'affinité de la cause de la propagation, à l'émission du fluide qui a provoqué la vibration ; ce qui fait qu'à de faibles intensités de l'action de ce fluide, cette manifestation reste isolée ou à peu près isolée, et se propage isolément ou à peu près isolément.

Après avoir déterminé le mode vibratoire de l'éther, je devrais déterminer la direction de ses vibrations dans les circonstances du rayonnement calorifique et lumineux ; mais je ne puis m'occuper de ce sujet qu'après l'exposé de la théorie de la polarisation.

§ XXI. — *Des aurores polaires.*

Les aurores boréales sont des météores lumineux qui, généralement observés dès le crépuscule du soir, occupent la région atmosphérique boréale, en marchant ordinairement du nord au sud et un peu de l'ouest à l'est. Des phénomènes analogues ont lieu, sous le nom d'aurores australes, au pôle sud, en marchant, bien entendu, du sud au nord et un peu de l'est à l'ouest.

Quand l'aurore boréale débute, elle se déclare, après le crépuscule, par une lueur confuse coupée par un segment obscur transversal, auquel viennent bientôt se joindre un ou plusieurs arcs lumineux diversement colorés qui lui sont concentriques et qui ont leurs pieds de chaque côté de l'horizon. Le point culminant de ces arcs, à mesure qu'il s'avance vers le zénith magnétique, se transforme au bout d'un certain temps, si le météore doit être complet, en une brillante couronne qui se surmonte elle-même d'un magnifique dôme lumineux. M. Hansteen et M. Bravais pensent même que le point culminant des arcs n'est lui-même que l'anneau lumineux vu de loin. De la partie inférieure de l'espace circonscrit par le segment ou par les arcs partent incessamment de nombreux rayons convergeant vers le centre de la couronne, qui finit par occuper le zénith magnétique et même par le dépasser du côté du sud, après quoi elle se morcelle et se dissipe par degrés.

Il est extrêmement remarquable que, pendant

la durée d'une aurore boréale, l'aiguille aimantée éprouve de grandes perturbations et notamment de grandes déclinaisons du côté de l'ouest, même dans des lieux très éloignés de ceux où se fait remarquer le météore. Si l'on rapproche ce fait de celui-ci, à savoir : que les déclinaisons périodiques diurnes de l'aiguille aimantée ont lieu vers l'ouest et qu'elles vont en augmentant d'amplitude à mesure que l'on s'avance vers les contrées septentrionales, si l'on veut avec moi attribuer ces déclinaisons à l'influence des courants thermo-électriques qui ont nécessairement à se porter, de tous les points du globe actuellement échauffés par les rayons solaires, aux régions polaires ; si l'on fait attention, avec tous les observateurs, qu'il existe la plus grande ressemblance entre la lumière des aurores polaires et la lumière dite électrique ; enfin, si l'on considère que, au-dessus des pôles et par l'effet de l'attraction solaire qui est plus intense vers l'équateur, l'air atmosphérique se raréfie à de très faibles hauteurs, en favorisant ainsi, s'il y a lieu, le développement de la lumière électrique, on sera naturellement conduit à admettre la théorie suivante :

Les aurores polaires seraient le résultat de la vibration lumineuse de l'éther, par l'effet de la convergence, vers la partie raréfiée de l'atmosphère qui couronne les régions polaires, des courants thermo-électriques provoqués par les énormes différences de température que l'on observe de l'équateur aux pôles.

Observons que cette concentration n'aurait pas seulement pour cause la circonstance passive de la convergence des méridiens, mais encore, d'après les lois d'Ampère, l'influence attractive réciproque des courants, lorsqu'ils vont dans le même sens, ou lorsque, étant disposés angulairement les uns par rapport aux autres, ils convergent vers le sommet des angles qu'ils forment.

Mais, il faut le dire, s'il arrive aux pôles des courants par tous les méridiens, si ces courants semblent devoir concentrer des quantités énormes d'électricité positive sur le prolongement de l'axe de la terre, chacun d'eux a cependant à se rencontrer avec un courant marchant en sens inverse et venant de l'autre côté du pôle; or, les électricités de même nom se repoussent : il suit de là que les divers courants convergents, au lieu de se réunir et de se croiser dans le zénith polaire, auront à se repousser, un peu avant d'y arriver, et par conséquent à se dévier, ce qui leur fera former l'anneau lumineux de l'aurore polaire. Mais dans quel sens aura lieu cette déviation ? évidemment de bas en haut, puisque les régions supérieures de l'atmosphère sont plus froides que les régions inférieures de cette atmosphère et que l'écorce du globe : l'anneau lumineux se prolongera donc de bas en haut. Se prolongera-t-il sous forme de cylindre ? non ; car, dès l'instant que les courants sont déviés dans le même sens, ils doivent, en vertu des lois d'Ampère, s'attirer et se réunir et former dès-lors un dôme lumineux, celui précisément qui est observé dans l'aurore polaire complète.

Il faut le dire encore, il doit y avoir une inégalité dans l'intensité des courants qui se rendent, des di-

vers points de la surface et de l'atmosphère du globe,
aux régions polaires, puisque le soleil n'échauffe en
même temps qu'une moitié de la terre ; puisque, en
fait, les plus grandes déviations de l'aiguille aimantée
vers l'ouest ont lieu pendant le jour. Eh bien ! ces
deux circonstances rendront bien compte de la
marche des phénomènes les plus éclatants de l'aurore boréale du nord au sud , et, comme c'est ordinairement à dix heures du soir qu'apparaissent ces
phénomènes, de leur marche un peu de l'ouest à
l'est. Ces circonstances nous diront encore, notons
bien ceci, que les grandes déviations de l'aiguille aimantée , que nous observons pendant le jour, sont
surtout le résultat des courants qui vont faire appa-
raître les aurores boréales, pendant la nuit, de l'autre
côté du pôle.

Les aurores polaires ne sont pas manifestes tous
les jours. La Commission scientifique , envoyée dans
le nord en 1838, observa 150 aurores en 200 jours.
Mais il résulte d'un examen approfondi que les nuits
sans aurores sont des nuits exceptionnelles, qu'on
observe toujours ce météore quand le ciel est serein,
et que sa manifestation est souvent enrayée par
l'état brumeux de l'atmosphère.

§ XXII. — *Des interférences et de la diffraction.*

Quand deux rayons, marchant dans le même sens,
se réunissent à angle très aigu pour former un faisceau lumineux, ce faisceau, au lieu d'augmenter d'in-

tensité, présente des alternatives remarquables de franges obscures et de franges lumineuses.

C'est ce phénomène qui avait le plus milité jusqu'à présent en faveur de la théorie des vibrations lumineuses. Il avait donné lieu à ce principe célèbre, dit des *interférences*, à savoir : *que deux rayons homogènes émanés d'une même source, et qui se rencontrent sous une petite obliquité, ajoutent à leur éclat ou se détruisent, suivant que la différence des chemins qu'ils ont parcourus depuis leur origine jusqu'à leur rencontre, est un multiple pair ou impair de la longueur d'une demi-onde lumineuse.*

Ce phénomène serait ainsi, d'après les travaux de Young et de Fresnel, le résultat d'un désaccord entre la marche des ondes d'un rayon et la marche des ondes de l'autre. Or je puis maintenant, pour en compléter la théorie, en appeler à l'essence même du phénomène de la vibration des ondes, c'est-à-dire au procédé de la polarité électro-lumineuse, tel que je l'ai admis plus haut.

En effet, si la lumière est un agent doué d'un pouvoir électrique, ce fait seul me semble pouvoir rendre compte du fréquent désaccord des ondes de deux rayons marchant dans le même sens et se réunissant sous une petite obliquité, et, par exemple, en rendre compte quand la demi-onde positive de l'un des deux rayons, au lieu de marcher de front avec la demi-onde positive de l'autre, vient au contraire, au moment de la réunion des deux rayons, se mettre au niveau d'une de ses demi-ondes négatives; ce qui fait neutraliser les deux demi-ondes de nom contraire.

La même théorie est, on le sent bien, applicable aux phénomènes de diffraction, c'est-à-dire aux phénomènes dans lesquels on voit un rayon, rasant le bord d'un écran, se dévier et se décomposer, en formant des franges alternativement obscures et lumineuses; elle leur est applicable, puisque c'est encore à un désaccord dans la marche des ondes lumineuses que Fresnel a pu, d'après ses calculs et ses expériences, attribuer les phénomènes en question.

§ XXIII. — *De la réfraction.*

« Lorsqu'un rayon lumineux pénètre du vide dans un milieu diaphane, ou d'un milieu diaphane dans un autre plus dense, en général le rayon est dévié de sa direction et se rapproche de la normale à sa surface : c'est cette déviation que l'on désigne sous le nom de réfraction. » (M. Péclet.)

Si la lumière est un agent électro-posititif et si les corps pondérables sont par rapport à elle électro-négatifs, il n'est pas de phénomène plus concevable que celui-ci. Il ne doit y être question, comme on le voit, que d'un simple phénomène d'attraction, d'attraction électrique, entre les ondes d'un rayon lumineux et les atomes du corps transparent qu'il pénètre: Si ces atomes sont en effet plus denses, c'est-à-dire plus pesants et plus serrés, c'est-à-dire encore plus électro-négatifs que ceux du milieu que vient de quitter le rayon, il est clair qu'ils attireront mieux les ondes en question et que l'attraction à leur égard s'exercera surtout selon la normale au point d'immersion, c'est-à-dire selon la file atomique la plus rapprochée de ce point.

Mais j'ai admis plus haut que les densités rendaient en général les corps moins aptes aux combinaisons, soit entre eux, soit avec le calorique : entre eux, parce que là où il y a une grande densité la force qui cimente les atomes l'emporte sur toute autre sollicitation attractive et, malgré celle-ci, tient les atomes encore fortement associés; avec le calorique, parce que là où il y a une grande densité le fluide électro-positif interstitiel, qui est plus électro-positif que le calorique, est fortement retenu par les atomes qui sont de leur nature électro-négatifs et est moins bien déplacé par le calorique. Eh bien! cette théorie ne contredit-elle pas celle que j'émets en ce moment sur la réfraction? Les corps les plus denses, s'ils sont en général les moins aptes aux combinaisons, ne sont-ils pas, par ce fait, les moins attractifs? Nullement, et je m'explique : j'ai aussi fait sentir plus haut que chaque corps conserve toujours à l'état normal sa valeur électrique propre, qui ne peut être complètement neutralisée par l'électricité positive interstitielle, puisque la quantité de celle-ci est une pour les atomes de tous les corps et que ces atomes sont de leur nature plus ou moins électro-négatifs. Il suit de là que, quelle que soit la densité d'un corps, il n'en a pas moins sa valeur électrique, ou, si l'on veut, son attractilité propre. Ainsi, la densité est sans doute une condition défavorable aux combinaisons qui, pour s'effectuer, ont besoin d'une dissociation des molécules ; mais elle n'en est pas pour cela défavorable aux simples attractions.

Il résulte bien de l'examen des tables de Newton et de celles de MM. Biot et Arago que la puissance réfractive des divers corps transparents, notamment des gaz, est généralement proportionnelle à leur densité : mais, il faut le dire, cette loi souffre de nombreuses exceptions, et l'on voit, par exemple, quelques corps d'une densité moyenne ou faible se faire remarquer par une grande force réfringente (1). Il y aurait donc, en dehors de l'influence de la densité, certaines conditions attractives particulières en jeu entre les rayons lumineux et divers corps transparents. Mais, notons bien ceci, l'influence de la densité sur la réfraction s'exerce au moyen d'une action électrique, dans laquelle le rayon lumineux est électro-positif et le corps-pondérable transparent électro-négatif; or, s'il survient des influences particulières de certains corps transparents se comportant, à l'égard des rayons lumineux, à la manière de l'influence de la densité, il est clair qu'elles mettent ces corps dans les mêmes conditions de polarité électrique que celles où ils se trouvaient sous cette influence.

Allons plus loin, pour appuyer ce raisonnement et confirmer la théorie générale de la réfraction, et demandons-nous quels sont, parmi les divers rayons du spectre, les rayons les plus réfrangibles, c'est-à-

____

(1) Ce sont le diamant, le phosphore, le soufre, etc. Notons, cependant, que ces corps sont classés parmi les plus électro-négatifs.

dire ceux qui, selon ma théorie, seraient les mieux attirés par les atomes des corps transparents. Ce sont précisément ceux que, d'après diverses expériences des physiciens, j'ai déjà reconnus comme les plus électro-positifs, ceux qui résident dans la partie du spectre qui se termine par le violet. Eh bien! si ces rayons ne cessent pas d'être les plus réfrangibles dans les divers corps transparents, quelle que soit la densité de ceux-ci, il est évident que les conditions attractives qui, chez quelques-uns de ces corps, semblent indépendantes de la densité, n'en sont pas moins des conditions attractives à pouvoir électro-négatif relativement à ces rayons. Si l'on supposait, en effet, pour un moment que ces conditions pussent donner à ces corps une influence électrique inverse à celle de la densité, on les verrait rendre le rayon violet et ceux qui l'avoisinent les moins réfrangibles, et le rayon rouge et ceux qui l'avoisinent les plus réfrangibles ; or, c'est ce qui n'a jamais lieu.

Malgré l'opinion de Newton qui avait rapporté le phénomène de la réfraction à l'attraction, il est généralement admis en physique aujourd'hui que ce phénomène provient de la diminution de vitesse des rayons lumineux, quand ils passent d'un milieu d'une certaine densité dans un milieu plus dense. Il est certain, comme l'attestent les expériences d'Arago, que cette diminution de vitesse a lieu et qu'elle pourrait être présentée comme la cause de la déviation d'un rayon, si ce rayon pouvait être considéré comme un agent pondérable, susceptible d'être matériellement arrêté par les molécules du corps transparent qu'il pénètre. Mais qu'on le considère ainsi, et l'on verra que la déviation devra avoir lieu en sens inverse de la déviation par réfraction , comme dans le cas où un projectile lancé horizontalement va pénétrer obliquement la surface verticale d'un corps mou. Il n'est donc pas permis de rapporter le phénomène de la réfraction à une pareille causalité.

Si maintenant il y a réellement une diminution de vitesse des rayons, quand ils passent d'un certain milieu dans un milieu plus dense, il faut attribuer ce fait à ce que les molécules des corps transparents tendent , par attraction, par attraction-électrique selon moi, à retenir les ondes lumineuses qui les ont pénétrées ; mais alors c'est à la cause de cette diminution de vitesse, et non , comme on l'a fait en physique, à cette diminution elle-même, qu'il faut attribuer les phénomènes réfractifs.

Les physiciens qui ont rapporté la réfraction à une diminution de vitesse des rayons ont conséquemment rapporté la plus grande réfrangibilité de certains rayons élémentaires à ce fait, que leur vitesse est moindre dans les corps transparents que celle des rayons les moins réfrangibles. Sans nul doute la vitesse des premiers de ces rayons est moindre dans les corps transparents que celle des seconds, et cela se conçoit s'ils sont plus électro-positifs que ceux-ci et par conséquent mieux retenus qu'eux par les particules pondérables qu'ils ont pénétrées : mais il est clair que l'objection que j'ai adressée plus haut à la première manière de voir des physiciens, s'applique entièrement à celle-ci ; car celle-ci conduit infailliblement à cette conséquence que les rayons les plus réfrangibles se dévieraient, en vertu de leur moindre vitesse, dans un sens inverse à celui où ils se dévient réellement, qu'ils seraient, autrement dit, les moins réfrangibles. Ce n'est donc pas à la moindre vitesse des rayons les plus réfrangibles, mais bien à leur plus grande attractilité pour les atomes des corps transparents, qu'il faut attribuer leur plus grande réfrangibilité.

En résumé, c'est à l'attraction atomique des corps transparents sur les rayons lumineux, attraction de nature électrique, peut-être quelquefois spécialisée, mais généralement proportionnelle à leur densité, qu'il faut rapporter le phénomène de la réfraction.

On conçoit que ce que je viens de dire des rayons lumineux soit complètement applicable aux rayons calorifiques qui, sans être aussi réfrangibles que les rayons lumineux les plus réfrangibles, le sont cependant autant ou presque autant que les moins réfrangibles, et qui, d'après les expériences de Melloni, peuvent se diviser eux-mêmes en rayons calorifiques élémentaires de différentes réfrangibilités.

J'aurai l'occasion, en étudiant le phénomène de la polarisation, de compléter et de confirmer cette théorie de la réfraction, et particulièrement d'expliquer ce fait remarquable, que la réfraction est d'autant plus forte que le rayon incident est plus oblique.

§ XXIV. — *Des raies du spectre solaire.*

D'après les travaux de Frauenhoffer, ces raies sont parallèles entre elles et aux couleurs du spectre ; elles sont inégalement réparties sur l'étendue de celui-ci, et au nombre d'environ 700. Elles sont noires, brillantes, confuses ou inégalement marquées selon le genre de lumière dont est formé le spectre. C'est ainsi qu'elles sont noires pour la lumière solaire et pour toutes les lumières qui en proviennent, qu'elles sont brillantes pour la lumière électrique, la flamme d'une bougie, etc., etc. Elles limitent un très grand nombre de nuances différentes, depuis le rouge le plus vif jusqu'au violet le plus sombre ; et il est enfin très remarquable que chacune de ces nuances a un indice particulier de réfraction.

De tout cela il résulte que chacune de ces nuances a un pouvoir électrique différent, de plus en plus électro-positif, bien entendu, en allant du rouge au violet, et qu'il est dès-lors permis de penser que chaque raie est elle-même le résultat de l'influence électrique réciproque des deux nuances qu'elle sépare : ici, quand elle est brillante, le résultat de la réaction actuelle des bords de ces nuances ; là, quand elle est obscure, le résultat de leur réaction consommée, de leur neutralisation.

§ XXV. — *De la réflexion de la lumière.*

Il résulte d'une loi électro-chimique de M. Pouillet déjà citée, que, lorsque des particules d'un corps électro-positif, par exemple, de charbon, s'en détachent par l'effet de leur combinaison avec un corps électro-négatif, avec l'oxigène, par exemple, un excès d'électricité négative se manifeste sur la partie du premier corps opposée au siége de la combinaison, tandis qu'un excès d'électricité positive est, en sens inverse, emporté de ce dernier point avec le produit qui se forme. Comme on le voit, les atomes du corps électro-négatif n'attirent pas seulement certains atomes du corps électro-positif et leur électricité interstitielle normale, ils attirent encore l'électricité interstitielle de la partie de ce corps qui n'est pas soumise à la combinaison.

C'est par une application de cette loi que l'on peut, ce me semble, pénétrer dans la théorie du phénomène de la réflexion.

Supposons un rayon lumineux venant frapper la surface d'un corps : ce rayon sera en partie absorbé ou réfracté, et en partie réfléchi. On peut à bon droit assimiler son absorption à une combinaison permanente, et sa réfraction, puisqu'il s'y passe un mouvement bien démontré d'attraction, à un commencement de combinaison. Eh bien! à la suite de l'un ou de l'autre phénomène, pour le moins du premier, et conformément à la loi de M. Pouillet, les ondes lumineuses absorbées ou réfractées, qui sont électropositives relativement aux atomes qui les attirent, auront à emporter avec elles un excès d'électricité positive, et, par conséquent, à emprunter une certaine quantité de cette électricité aux ondes lumineuses qui, au moment de la pénétration, leur étaient les plus voisines. Ainsi, après cet emprunt, celles-ci se trouveront éventuellement privées d'une partie de leur électricité positive, autrement dit, surchargées d'électricité négative : mais alors, au lieu de pouvoir être absorbées ou réfractées elles-mêmes, comme les premières, par la surface absorbante ou réfringente dont les molécules sont électro-négatives, elles en seront repoussées, autrement dit, elles s'y réfléchiront. De nouvelles ondes surviendront et se diviseront de la même manière. Tel me paraît être, dans sa plus grande simplicité, le mécanisme de la réflexion.

Les ondes éventuellement rendues électro-négatives ne le seront, bien entendu, que passagèrement, et enlèveront bientôt à l'atmosphère ou à l'éther l'électricité positive qui leur sera nécessaire pour être ramenées à l'état normal.

Il est très remarquable que, sous l'incidence perpendiculaire, les métaux bien polis réfléchissent quelquefois un peu plus de la moitié de la lumière incidente ; tandis que d'autres corps, tels que l'eau, le verre, le marbre, etc., n'en réfléchissent alors qu'une très faible quantité. Ce fait vient à l'appui de la théorie que je viens d'exposer ; car les métaux sont les corps les moins électro-négatifs, et sont par conséquent les plus disposés à repousser les rayons lumineux.

Cependant, il faut le dire, sous la plus grande obliquité de l'incidence, les métaux ne réfléchissent la lumière que pour 1/8 ; tandis que, sous la même obliquité, les autres corps en réfléchissent autant qu'eux. Je ne puis rendre compte de ce phénomène, sans avoir, au préalable, établi la théorie de la polarisation.

§ XXVI. — *De la polarisation de la lumière.*

« Dans certaines circonstances, les rayons de lumière acquièrent la propriété de cesser d'être également réfléchis, sous un même angle d'incidence sur un même corps suivant les côtés de leur axe qui se trouvent dans le plan d'incidence; il arrive même alors que, pour certaines incidences, les rayons perdent complètement la propriété d'être réfléchis; et, quand ils traversent perpendiculairement des cristaux bi-réfringents, ils cessent, dans certaines positions, de donner deux images. » (M. Péclet.)

La lumière acquiert cette propriété par la réflexion, la réfraction et la double réfraction. C'est cette propriété, découverte par Malus en 1810, qui a reçu le nom de *polarisation.*

On appelle *plan de polarisation* le plan suivant lequel la lumière est polarisée, c'est-à-dire parallèlement auquel elle se réfléchit avec son *maximum* d'intensité, et perpendiculairement auquel elle cesse d'être réfléchie, ou bien n'est réfléchie qu'à son *minimum* d'intensité.

Quand la lumière se polarise complètement par réflexion, le plan de polarisation est parallèle au plan de réflexion; quand elle se polarise complètement par réfraction, ce plan est perpendiculaire au plan de réfraction.

Quand un rayon se divise dans un corps bi-réfringent, le rayon ordinaire se trouve polarisé parallèlement à la section principale du cristal, et l'extraordinaire dans un plan qui lui est perpendiculaire.

La lumière dite naturelle ne présente aucun signe
de polarisation ; elle se compose d'une suite de rayons
très courts polarisés dans tous les azimuts (1) : mais
Fresnel a démontré que, dans cette disposition, un
rayon naturel peut être considéré comme composé
de deux faisceaux polarisés l'un par rapport à l'autre
à angle droit et ayant chacun une intensité 1/2.

Il est évident que, dans le phénomène de la bi-réfraction, ces deux faisceaux se trouvent tout-à-coup
distincts dans le second milieu, et que, dans les phénomènes de la réflexion et de la réfraction simple, ils
tendent encore à se séparer, en tendant l'un à rester
dans le premier milieu et l'autre à se diriger dans le
second.

Il résulte d'une loi de Brewster que la tangente de
l'angle de polarisation (2) est égale à l'indice de réfraction, autrement dit, que l'angle de polarisation
est celui pour lequel le rayon réfléchi est perpendiculaire au rayon réfracté correspondant. On voit par
là que la cause d'où provient la réfraction dans les
corps transparents, cause qui, pour moi, est l'attrac-

(1) L'angle du plan de polarisation avec le plan de réflexion
ou d'incidence se nomme l'azimut du plan de polarisation.

(2) On appelle *angle de polarisation* l'angle d'inclinaison
sous lequel le rayon qui se réfléchit doit rencontrer la surface
réfléchissante pour être polarisé.

tion par procédé électrique, exerce une influence incontestable sur des rayons qui ne sont que réfléchis, et que, plus cette cause est active dans un corps, moins il faut d'obliquité à la réflexion pour que le rayon soit réfléchi sur une seconde surface à son *maximum* d'intensité.

Après cet exposé, recherchons ce qu'est en lui-même le phénomène de la polarisation.

Fresnel avait supposé que les vibrations lumineuses s'exécutent non pas dans la direction du mouvement de propagation, comme dans la transmission du son, mais perpendiculairement à cette direction, et qu'un faisceau polarisé est celui pour lequel ces vibrations ont toujours la même direction, son plan de polarisation étant le plan auquel ces petits mouvements oscillatoires restent constamment perpendiculaires.

S'il est impossible de comprendre comment la propagation lumineuse s'opérerait par l'effet *seul* de mouvements vibratoires transversaux, c'est-à-dire sans l'influence d'une onde sur l'onde suivante, cependant l'existence de ces mouvements a été, dans les cas de polarisation, trop bien démontrée par Fresnel à la suite de ses expériences et de celles d'Arago, pour que l'on ne doive leur faire jouer un grand rôle dans l'étude de cette propagation. Ainsi, si un rayon lumineux jouit d'une influence électrique et d'un mouvement propagateur par procédé électrique, par ce procédé dont l'action vibratoire s'exécute normalement dans le sens longitudinal, il n'en est pas moins certain que ce rayon est en même temps soumis à une action vibratoire transversale, et que celle-ci peut, dans certaines circonstances, modifier les effets des mouvements longitudinaux ; c'est ce que l'on comprendra bientôt.

Mais quelle est donc la cause des vibrations transversales ? C'est ce qu'il est facile de découvrir, et sans cesser d'invoquer la causalité électrique, dans l'énoncé de cette loi générale que j'ai formulée, à savoir : que, *dans le spectre solaire, le pouvoir électro-positif va en augmentant du rayon rouge au rayon violet.*

Il résulte en effet de cette loi qu'il s'exécute normalement dans l'épaisseur d'un rayon, par l'effet des actions réciproques des sept rayons colorés qui le composent, des vibrations perpendiculaires à sa direction.

On voit dès-lors que, en supposant un rayon complet coupé perpendiculairement par tranches ou ondes excessivement minces, et en supposant, dans chacune de ces tranches, les bandes des sept rayons colorés disposées les unes à côté des autres de manière à former de chaque tranche complète un spectre perpendiculaire à la direction du rayon, on aura sur cette tranche, ou, si l'on veut, sur ce spectre, le plan de polarisation justement disposé dans le sens de la longueur des bandes colorées, disposé dans ce sens, puisque ce plan doit être perpendiculaire au sens des vibrations de ces bandes.

Mais si l'on fait attention, après cela, qu'un rayon naturel est lui-même considéré comme formé de deux faisceaux, chacun composé des sept rayons primitifs et polarisé par rapport à l'autre à angle droit, il sera facile de voir que chaque onde d'un rayon naturel complet peut être considérée comme composée de deux ondes superposées, ou, si l'on veut, de deux spectres superposés, dont les bandes de même couleur et dont les plans de polarisation s'entre-croisent à angle droit.

Mais rappelons-nous que tout spectre est de plus en plus électro-positif du rouge au violet ; dès-lors, la disposition précédente aura pour équivalent celle-ci : toute onde d'un rayon naturel peut être considérée comme formée de deux ondes superposées, chacune électro-positive d'un côté et électro-négative de l'autre, et chacune ainsi formée de deux demi-ondes dont le plan de séparation constitue un plan neutre s'entre-croisant avec le plan semblable de l'autre onde, lesquels plans ne sont autre chose que les plans de polarisation.

Il s'agit de faire concevoir maintenant 1° comment s'établit réellement, dans certains cas, une pareille disposition ; 2° comment cette disposition peut se modifier pour donner lieu aux phénomènes de polarisation observés dans la réfraction, dans la réflexion et dans la double réfraction.

Un rayon naturel est, ai-je dit, un rayon formé de rayons très courts polarisés dans tous les azimuts, et qui équivaut à un rayon formé de deux faisceaux polarisés à angle droit. Que cette dernière disposition soit réelle ou non à l'instant où le rayon émane de sa source, il est incontestable que certaines circonstances, et notamment une influence attractive quelconque exercée sur les côtés de ce rayon, pourront,

en sollicitant inégalement les divers faisceaux élémentaires ou colorés qui le composent, la déterminer.
En effet, chaque rayon est décomposable en deux
faisceaux superposés, l'un et l'autre formés d'ondes
susceptibles, à la moindre attraction-latérale ou, si
l'on veut, à la moindre cause de réfraction exercée
sur elles, de se constituer en spectres dont les plans
sont perpendiculaires à l'axe du rayon. Il semblerait
certainement que les deux ondes ou les deux spectres
marchant de pair dans les deux faisceaux devraient,
sous l'influence attractive en question, avoir leurs
bandes de même couleur complètement superposées;
mais observons ceci : les bandes de même couleur
sont de même nature et par conséquent de même
électricité, et dès-lors elles se repoussent. Ainsi, attirées l'une vers l'autre de manière à se superposer, en
vertu de la cause attractive commune qui les sollicite;
mais repoussées l'une de l'autre en vertu de leur
électricité de même nom, elles ont à prendre une
position intermédiaire, autrement dit, à s'entre-croiser.
Or cet entre-croisement peut être tel, selon un certain
degré d'action de la cause attractive, que les angles
qu'elles forment et que forment les deux plans de
polarisation soient égaux.

Je dis maintenant que la cause attractive en question se présente presque toujours; telle est, si le
rayon n'est pas positivement dirigé vers le centre
de la terre, l'influence sur lui de la masse de cette
planète, telle est encore l'influence de chaque molécule atmosphérique qu'il pénètre.

Sans doute la disposition ainsi obtenue n'est pas

constante pour un même rayon, puisqu'il résulte des expériences d'Arago que la lumière solaire se polarise de plus en plus en s'approchant de la terre, ce qui tend à établir qu'il ne faut qu'un certain degré d'action attractive pour obtenir le résultat étudié; mais cette disposition paraît être du moins la disposition normale dans un rayon que l'on vient d'obtenir et qui commence à se réfracter dans les molécules de l'air, ou à être sollicité par la masse de la terre.

Je vais faire concevoir maintenant comment l'influence de la *réfraction* parvient à modifier cette disposition, à la modifier de manière à ce que les plans de polarisation tendent à se confondre et à devenir perpendiculaires au plan de réfraction.

Au moment où un rayon dit naturel tombe obliquement sur la surface polie, par exemple horizontale, d'un corps transparent, ce n'est plus l'influence à distance de la masse de la terre, ni l'influence immédiate mais faible des molécules atmosphériques, qni tend à déterminer la position relative des deux spectres dans chaque onde lumineuse; c'est l'influence d'un corps plus immédiatement attractif que le reste de la masse de la terre, et plus dense, plus réfringent, plus attractif que les molécules atmosphériques. Eh bien! cette influence attire plus vivement les deux bandes violettes, les deux bandes les plus électro-positives des spectres, au-dessous de leur point d'entre-croisement; elle les attire, comme si elle voulait les rendre toutes les deux parallèles à la surface du corps réfringent, et les rendre ainsi parallèles entre elles en les faisant confondre l'une avec l'autre. Or, comme toutes les autres bandes exécutent le même mouvement, il est clair que les plans de polarisation qui leur sont parallèles l'éxécuteront aussi. Mais en réalité, vu l'obliquité du rayon et vu la position perpendiculaire par rapport à l'axe de ce rayon des plans des spectres colorés qui le composent, ce parallélisme des bandes colorées ne peut être obtenu que moyennant qu'elles deviennent perpendiculaires au plan commun d'incidence et de réfraction : le plan de polarisation des deux spectres tendra donc à cette position.

Si ce n'était que les bandes de même couleur des deux spectres qui marchent de pair se repoussent, leur parallélisme, leur superposition complète et par conséquent la polarisation complète pourraient, sous certaines conditions d'incidence, avoir lieu à la première réfraction. Mais il n'en est jamais ainsi, selon l'expérience, et il faut plusieurs réfractions successives pour surmonter l'action réciproquement répulsive des bandes de même couleur.

L'expérience a constaté que la proportion de lumière polarisée dans le rayon réfracté va toujours en augmentant avec l'obliquité de l'incidence : cela doit être, car par l'augmentation de l'obliquité les plans des spectres tendent à devenir de plus en plus perpendiculaires aux surfaces réfringentes, ce qui fait que leurs bandes violettes sont mieux opposées à ces surfaces et, concentrant dès-lors de plus grandes quantités d'électricité positive, sont mieux attirées par elles. Mais, dans la polarisation par réfraction, il n'y a pas, à proprement parler, d'angle de polarisation, comme nous allons voir qu'il s'en présente dans la polarisation par réflexion : c'est que l'existence de cet angle n'est que le résultat d'un rapport entre la force attractive et la force réflective, et que cette dernière reste étrangère à l'établissement de la polarisation par réfraction.

Je passe à l'étude de la modification apportée à la dispositon dite naturelle des plans de polarisation par la circonstance de la *réflexion*, et je rappelle que cette modification est telle, d'après l'expérience, que les plans de polarisation tendent à se confondre et à devenir parallèles au plan de réflexion.

Pour plus de clarté, nous supposerons que la réflexion concerne un rayon tombant obliquement sur une surface horizontale.

La réflexion consiste, nous l'avons vu, en un phénomène de répulsion, un phénomène inverse à celui de la réfraction, dans lequel les ondes lumineuses, qui n'ont pas été absorbées ou réfractées en frappant la surface du corps réfléchissant, et qui sont réfléchies, le sont parce qu'elles avaient pris momentanément un excès d'électricité négative en cédant leur électricité positive aux ondes absorbées ou réfractées, et par l'intermédiaire de celles-ci au corps absorbant ou réfringent. Eh bien ! ne considérons d'abord qu'une onde ou qu'un spectre d'un des faisceaux qui forment le rayon complet, et voyons ce qui arrivera à son plan de polarisation, pendant la réflexion, par l'effet de sa tension électro-négative accidentelle.

Ce plan devrait, si l'onde ne possédait pas cette

tension, tendre, comme nous l'avons déjà vu, au parallélisme avec la surface du corps réfléchissant, et par conséquent à la position perpendiculaire relativement au plan commun d'incidence et de réflexion ; mais si cette onde est électro-négative , si sa bande violette , la plus rapprochée de la surface du corps , a contracté une électricité de même nom que celle des atomes de ce corps, il est clair que cette bande en sera repoussée par celui de ses points qui en sera le plus rapproché , qu'il en sera de même des autres bandes et du plan de polarisation , et qu'en conséquence celui-ci éprouvera un mouvement de rotation sur lui-même qui l'éloignera du parallélisme avec la surface du corps, pour le rapprocher du parallélisme avec le plan commun d'incidence et de réflexion.

Que l'on suppose maintenant superposées deux ondes des faisceaux qui constituent le rayon naturel, on concevra facilement que chacune d'elles se comporte de la manière que je viens d'exposer, et qu'alors leurs plans de polarisation tendent à se confondre et à devenir l'un et l'autre parallèles au plan commun d'incidence et de réflexion.

La polarisation s'établissant , en vertu de ce mécanisme, dans le rayon réfléchi , sera , bien entendu, complète ou incomplète, selon l'angle d'incidence du rayon. En effet, selon que les rayons tomberont plus ou moins obliquement sur la surface réfléchissante, plus ou moins bien seront repoussées par cette surface les bandes violettes des deux spectres superposés ; or, trop ou trop peu repoussées, elles n'atteindront pas ou bien elles dépasseront le parallélisme qui leur sera nécessaire dans le rayon réfléchi pour qu'il y ait polarisation complète de celui-ci. Il faut dire à ce sujet que l'angle de polarisation sera l'angle de réflexion convenable, le seul convenable, pour obtenir ce résultat; mais que, selon la loi citée de Brewster, cet angle variera selon le degré de réfringence du corps réfléchissant. Il devra en effet, conformément à l'expérience, être plus petit sous l'influence des corps les plus réfringents, et plus grand sous celle des moins réfringents, du moment que la réfringence est l'équivalent de la puissance attractive à l'égard de l'électricité positive, et de la puissance répulsive à l'égard de l'électricité négative.

Telle est la théorie du changement opéré dans la disposition dite naturelle des plans de polarisation par l'influence de la réflexion. Voici quelles en sont les circonstances incidentes :

L'expérience a constaté que ce sont les corps les plus réfringents qui polarisent le plus de lumière. On sent, en effet, que plus le corps réfléchissant aura été réfringent, plus il aura enlevé d'électricité positive au rayon, plus il aura laissé en dehors de lui d'ondes lumineuses en tension électro-négative, plus alors il en aura fait réfléchir par sa surface, et plus par conséquent il en influencera dans le sens de la polarisation.

Mais, il faut le dire, les substances les plus réfringentes, tout en étant celles qui polarisent le plus de lumière, ne sont pas cependant celles qui la polarisent le plus complètement. Or cela paraît tenir à ce que l'angle de polarisation n'est pas le même pour les différentes couleurs, et à ce que les corps les plus réfringents sont en général ceux qui ont le plus de pouvoir dispersif : c'est ainsi que la différence des angles de polarisation entre le rayon rouge et le rayon violet est, par exemple, d'un quart de degré à la surface de l'eau, et d'un tiers de degré à la surface du verre.

Ajoutons que la polarisation sera nulle sur les métaux et dans le cas de la réflexion totale : car l'on sait que les milieux où entrent les métaux produisent, en général, une très forte dispersion ; et il est évident que l'influence du pouvoir dispersif, si lié à la densité des corps, s'étend, au même titre que l'influence de la réfringence, sur les rayons réfléchis.

Il a été dit plus haut, à propos de la théorie de la réflexion, que, sous la plus grande obliquité de l'incidence, les métaux ne réfléchissent pas plus de lumière que les autres corps, quoiqu'ils en réfléchissent plus que ceux-ci sous une moindre obliquité de l'incidence. Cela se conçoit maintenant, dès l'instant que la polarisation vient jouer un si grand rôle dans les diverses circonstances de l'obliquité de l'incidence, et qu'elle s'établit si difficilement sur les métaux.

Je devrais, enfin, examiner l'influence du phénomène de la *bi-réfraction* sur la polarisation ; mais je renvoie cet examen à l'exposé de la théorie de la bi-réfraction elle-même.

On vient de le voir, la polarisation de la lumière consiste dans l'exercice des vibrations transversales des ondes de l'éther selon une même direction, et sa cause réside dans la différence gradative des nuances électriques des rayons colorés élémentaires disposés dans chaque onde lumineuse selon leur ordre de réfrangibilité. Or, des expériences très remarquables me semblent pouvoir confirmer cette causalité : elles sont dues à M. Faraday et à M. Verdet. Le premier de ces physiciens a découvert que, si la lumière polarisée vient à traverser une épaisseur de verre soumis à l'influence d'un aimant énergique, le plan de polarisation se trouve changé ; le second a récemment reconnu que, plus l'aimant est puissant, plus est considérable le changement imprimé à la direction du plan de polarisation. Eh bien! l'on conçoit aisément que, si des influences électriques s'exercent, comme je l'ai admis, dans l'épaisseur d'une série de molécules d'éther, de celles qui forment par leur concours le spectre de chaque onde lumineuse, elles aimantent ces molécules comme elles aimantent des molécules matérielles, en dirigeant, bien entendu, leurs axes magnétiques perpendiculairement à la direction du mouvement électrique, et que, comme cette direction est précisément celle du plan de polarisation de chacune de ces molécules, ce plan devienne lui-même cet axe et soit dès-lors susceptible de changer de direction sous l'influence extérieure d'un aimant.

Je passe à l'étude du mécanisme de la manifestation du phénomène de la polarisation, et je me demande pourquoi la lumière dite polarisée se réfléchit à son *maximum* d'intensité sur une surface parallèle

au plan de polarisation, et pourquoi elle ne se réfléchit pas ou ne se réfléchit qu'à son *minimum* d'intensité sur une surface perpendiculaire à ce plan.

Rappelons-nous ce qu'est le plan de polarisation :
c'est un plan perpendiculaire à la direction des mouvements vibratoires transversaux qui ont lieu entre
les bandes colorées de chaque spectre formant l'onde
d'un des deux faisceaux lumineux qui constituent le
rayon naturel, c'est un plan situé sur un terrain neutre, entre la moitié électro-positive et la moitié électro-négative de chacun de ces spectres, et il est parallèle aux bandes de ce spectre. Il est aisé de voir
d'après cela, 1° que, lorsqu'un rayon polarisé qui va
frapper obliquement la surface d'un corps se présente à elle, de manière que son plan de polarisation
et les bandes colorées de chacune de ses ondes soient
parallèles à cette surface, ses ondes seront dans les
meilleures conditions pour être attirées par cette
surface, car elles se présenteront à elle selon toute
l'intensité de leur mouvement vibratoire électrique,
ce qui fera que l'absorption et la réfraction s'exerce-
ront sur elles à leur *maximum* d'intensité, tandis que
la réflexion sera par ce fait soumise à une phase inverse; 2° que si, au contraire, le rayon polarisé vient
à frapper la surface du corps perpendiculairement à
son plan de polarisation, les bandes colorées de ses
ondes exécuteront leur mouvement vibratoire électrique parallèlement à cette surface; ce qui les mettra
dans les plus mauvaises conditions pour être attirées
par elle, ce qui nuira essentiellement à leur absorp-

tion et à leur réfraction, mais ce qui favorisera singulièrement leur réflexion.

On le voit, s'il est une théorie qui confirme celle
que j'ai déjà émise sur la réfraction de la lumière,
c'est celle que je viens d'émettre sur la polarisation
de ce fluide, dans laquelle on voit évidemment l'influence de l'attraction, de l'attraction cause de la
réfraction, s'exercer non-seulement sur un faisceau
lumineux qui va se réfracter, mais encore sur un
faisceau lumineux qui va se réfléchir; ce qui n'aurait
pas lieu si la réfraction n'était due, comme on l'a dit
en physique, qu'à un phénomène mécanique, tel
que la diminution de vitesse du rayon dans le milieu
réfringent.

Il me sera encore permis d'expliquer par la même
théorie pourquoi la réfraction devient plus forte à
mesure que le rayon incident devient plus oblique.
Il est évident en effet qu'à mesure que l'obliquité
augmente, les vibrations transversales électriques
des ondes lumineuses deviennent d'autant plus perpendiculaires à la surface du corps réfringent; ce qui
augmente nécessairement l'effet réfringent.

La polarisation ne s'établit pas seulement sur les
rayons lumineux composés; elle peut s'établir encore, on le sent bien, sur chaque rayon primitif du
spectre, puisque chaque rayon est lui-même formé,
selon les travaux de Frauenhoffer, de faisceaux de
différentes réfrangibilités.

Il en est de même enfin des rayons calorifiques, qui,
d'après les belles expériences de Melloni, sont eux-

mêmes divisibles, comme les rayons lumineux, en nombreux faisceaux inégalement réfrangibles.

Il résulte des travaux de Fresnel et d'Arago que les rayons polarisés dans un même plan interfèrent comme les rayons naturels. On conçoit, en effet, que si les vibrations des deux rayons superposés vont dans le même sens, pendant que leurs nœuds de même espèce, c'est-à-dire leurs actions électriques de même nom, coïncident, ces vibrations doivent doubler de vitesse, et par conséquent les deux rayons quadrupler d'intensité, mais qu'au contraire l'interférence doit être complète et l'intensité nulle, si l'on fait coïncider les nœuds d'espèce différente, autrement dit, si les actions électriques de nom contraire marchent de front.

Les mêmes physiciens ont encore pu démontrer que, lorsque les rayons ne sont pas polarisés dans le même plan, l'interférence n'est jamais complète, et qu'elle est nulle quand les deux rayons sont polarisés à angle droit. Il est certain, en effet, que deux mouvements électriques dont les directions se croisent ne peuvent se détruire.

§ XXVII.— *De la direction des vibrations lumineuses.*

On doit se rappeler que j'ai renvoyé après l'exposé de la théorie du phénomène de la polarisation le complément de celle de la propagation de la lumière, en ce qui devait concerner la direction des vibrations de l'éther. J'ai fait entendre, d'autre part, qu'il était impossible de concevoir les effets de la propagation lumineuse, tels qu'ils ont lieu, en n'admettant dans leur causalité, comme n'ont paru les admettre la plupart des physiciens, que des mouvements vibratoires transversaux de cet éther. Or la manière dont je viens d'expliquer les phénomènes de la polarisation vient, ce me semble, mettre sur la voie du procédé réel de la propagation en question.

Il est aisé de voir que cette propagation s'effectue et par des mouvements vibratoires transversaux et par des mouvements vibratoires longitudinaux. Soit en effet, à l'état latent ou de repos, deux ondes consécutives a et b d'un des deux faisceaux lumineux qui forment le rayon naturel : dans ces deux ondes, que j'ai déjà assimilées à deux spectres, les bandes primitives de même couleur sont évidemment parallèles et consécutives l'une à l'autre : eh bien! que l'une de ces ondes, l'onde a, soit mise en vibration lumineuse, en commençant par exemple par la bande violette, il est clair que cette bande, qui est de même nature et de même électricité que la bande violette de l'onde b, vibrera plutôt vers la bande indigo qui lui est voisine dans son spectre, et qui est d'une autre nature et d'une autre électricité qu'elle, que vers la bande violette en question. Ainsi elle se rapprochera de la bande indigo, la bande indigo se rapprochera de la bande bleue, la bande bleue de la bande verte, et ainsi de suite pour les autres bandes, de manière à vibrer par actions et réactions selon toute la largeur du spectre. Mais il se présente une circonstance remarquable dans ce mouvement vibratoire de l'onde *a* : c'est que, pendant qu'il s'effectue, les rapports des bandes de même couleur dans les deux ondes *a* et *b* changent complètement; qu'ainsi la bande violette de la première se place vis-à-vis la bande indigo de la seconde, et peut-être même au-delà de celle-ci si le mouvement ondulatoire est intense; que la bande indigo de la même onde se place vis-à-vis la bande bleue de l'autre, et ainsi de suite pour les autres : de sorte que le mouvement vibratoire que nous avons vu s'effectuer tout d'abord transversalement selon la largeur du spectre *a*, doit nécessairement se communiquer selon le sens du rayon, des bandes d'une couleur dans le spectre *a* aux bandes d'une autre couleur dans le spectre *b*, et par conséquent avoir deux directions, être à la fois transversal et longitudinal. En vertu de la communication reçue par elle, l'onde *b* vibrera comme avait vibré l'onde *a*, c'est-à-dire transversalement, et, comme elle, elle communiquera longitudinalement sa vibration à une troisième onde, et ainsi de suite pour toutes les ondes du faisceau.

§ XXVIII. — *De la double réfraction.*

Certains milieux, notamment tous les cristaux dont la forme primitive n'est ni un cube ni un octaèdre régulier, ont, dans certaines conditions, la propriété de diviser en deux chaque rayon qui les pénètre. Ces milieux sont matériellement caractérisés *par l'inégal rapprochement, dans les différentes di-*

rections, des atomes appelés à constituer les molé-
cules cristallisées. Les deux faisceaux obtenus jouissent d'une inégale vitesse. L'un d'eux, dit le rayon
ordinaire, suit les lois ordinaires de la réfraction;
l'autre obéit en général à des lois différentes, et
s'appelle le rayon *extraordinaire.* Quand le rayon
incident se propage dans un cristal suivant la *sec-*
tion principale, c'est-à-dire suivant un plan qui passe
par l'*axe optique* du cristal (1), les rayons ordinaire
et extraordinaire se transmettent tous deux par le
plan de réfraction. Enfin, les deux rayons sont tou.
jours polarisés, l'un par rapport à l'autre, à angle
droit, et le plan de polarisation du premier est' parallèle à la section principale, tandis que celui du
second lui est perpendiculaire.

Pour la facilité de mes démonstrations, je ne vais
étudier le phénomène de la bi-réfraction que dans
les cristaux à un axe. Cette étude sera suffisante
pour mettre en relief les principes sur lesquels peut
se fonder l'explication de tout phénomène de bi-
réfraction dans les cristaux soit à un axe, soit à deux.

D'après ce que j'ai déjà établi à propos de la
théorie de la réfraction simple, il faut considérer
l'inégal rapprochement des atomes que présente,'
dans les différentes directions, un cristal bi-réfringent, comme étant la cause d'une inégalité dans l'ac-

____

(1) Dans un cristal bi-réfringent, il y a toujours une ou
deux directions suivant lesquelles un rayon ne se divise jamais.
Ces directions sont ce que l'on nomme les *axes optiques* ou
simplement les *axes* du cristal.

tion attractive, dans l'action électro-négative des molécules, et dès-lors considérer cette dernière inégalité comme étant elle-même la cause de l'inégalité de vitesse des deux rayons ordinaire et extraordinaire.

Voyons jusqu'à quel point la première de ces circonstances peut contribuer aussi au phénomène de la double réfraction.

Dans la réfraction simple, la direction du rayon dans le corps réfringent est surtout dépendante de l'influence attractive des molécules qui sont situées sur la normale au point d'immersion; il est évident que la même influence a encore à s'exercer dans l'action d'un corps bi-réfringent : mais il se présente dans celui-ci une autre cause d'attraction, c'est l'influence des parties moléculaires où les atomes sont le plus rapprochés les uns des autres, parties qui, selon que le cristal est positif ou négatif (1), sont situées dans l'axe ou autour de l'axe, et, en ce dernier cas, sont disposées par files parallèles à cet axe.

(1) Les cristaux se divisent en positifs ou négatifs, suivant que l'indice extraordinaire est plus grand ou plus petit que l'indice ordinaire. Dans les cristaux positifs, le rayon extraordinaire se trouve réfracté vers l'axe optique du cristal, comme s'il y avait attraction; tandis que, dans les cristaux négatifs, il est écarté de l'axe, comme s'il y avait répulsion.

Observons qu'un axe optique dans un cristal n'est réellement pas une ligne unique et fixe, comme l'axe de la terre, par exemple, mais une direction qui comprend une infinité de lignes parallèles, chacune formant l'axe des molécules cristallisées situées sur chacune de ces lignes.

Ainsi, il y a au moins deux directions dans un cristal bi-réfringent, d'après lesquelles les molécules paraissent devoir exercer l'attraction réfractive sur un rayon incident donné.

Il semble, au premier abord, que l'exercice de la double cause de réfraction devrait avoir pour effet la transmission d'un rayon unique dont l'indice serait déterminé par l'influence de la résultante des deux causes; mais il n'en est rien : il y a en réalité division du rayon. Or, d'après ce que l'on sait déjà du phénomène de la polarisation, on comprend que chacun des deux faisceaux du rayon incident ne soit pas éga-lement influencé par les deux causes attractives. En effet, si ces deux faisceaux sont, comme je l'ai déjà exposé, polarisés l'un par rapport à l'autre à angle droit, et si l'un d'eux, l'extraordinaire, est polarisé perpendiculairement à la section principale, c'est-à-dire de manière que ses vibrations transversales coïncident assez bien avec la direction de la seconde influence attractive que j'ai signalée, il est clair que ce faisceau sera attiré par cette influence en même temps que par la première, et ira dès-lors représenter par son indice de réfraction la résultante des deux sollicitations attractives auxquelles il est soumis. Mais en sera-t-il de même de l'autre faisceau? nullement : l'autre faisceau est polarisé parallèlement à la section principale, c'est-à-dire que ses vibrations se font perpendiculairement à la direction de la seconde influence attractive signalée : dès-lors cette influence restera sans action sur lui, et il se réfractera comme si cette influence n'existait pas, autrement dit, selon la simple influence de la normale au point d'immersion.

Telle est, dans sa plus grande simplicité, la théorie de la double réfraction. Comme on le voit, c'est encore à des influences électriques qu'il faut remonter pour avoir raison de ce singulier phénomène.

Mais il est un fait constaté par l'expérience et qui a servi de base à ma démonstration, que je n'ai pas encore expliqué ; c'est celui-ci : dans un cristal biréfringent les deux faisceaux sont polarisés à angle droit, l'un parallèlement et l'autre perpendiculairement à la section principale. Il importe, on le sent bien, de se rendre compte de ce phénomène, pour qu'aucun élément des théories de la polarisation et de la bi-réfraction ne reste en arrière.

Pour comprendre le fait, représentons-nous la structure d'un cristal bi-réfringent (à un axe). Dans un pareil cristal, les atomes appelés à former chaque molécule cristallisée sont, ai-je dit, inégalement rapprochés dans les différentes directions, mais leur inégale distance les uns des autres est soumise à la plus grande régularité. On peut s'y représenter chaque molécule comme formée, si le cristal est positif, d'agrégations atomiques régulières, de plus en plus serrées de la périphérie à l'axe de la molécule, et, si le cristal est négatif, d'agrégations atomiques régulières de moins en moins serrées dans le même sens ; de sorte que chaque molécule offre, à distance symétrique de son axe, deux sortes de files atomiques d'égale densité, les unes parallèles et les autres perpendiculaires à cet axe, mais les unes et les autres de densité différente à celles des files atomiques qui sont plus près ou plus loin qu'elles de l'axe. Eh bien! supposons un rayon qui pénètre dans une de ces molécules, et, pour mieux fixer les idées, supposons-le pénétrant dans un cristal positif, c'est-à-dire dans un cristal dont les atomes sont de plus en plus serrés en allant vers les files moléculaires axiques, voici ce qui arrivera : passant nécessairement entre les files atomiques symétriques, les unes parallèles et les autres perpendiculaires aux axes, il sera sollicité à diriger des vibrations transversales dans deux sens différents, à en diriger de perpendiculaires et de parallèles aux axes, et il se constituera dès-lors en deux faisceaux polarisés l'un par rapport à l'autre à angle droit. Celui qui sera polarisé dans la section principale des molécules cristallisées le sera dans ce sens en vertu de l'attraction exercée latéralement sur le rayon par les axes entre lesquels il passera, attraction qui forcera un de ses faisceaux de vibrer dans une direction perpendiculaire à ces axes; celui qui sera polarisé perpendiculairement à la section en question le sera dans ce sens, en vertu de l'attraction exercée latéralement sur le rayon par les files atomiques axiques ou parallèles à l'axe entre les atomes desquelles il passera de manière à les couper, attraction qui forcera un de ses faisceaux de vibrer dans la direction même de ces files.

Telle est la théorie de la disposition à angle droit des plans de polarisation des deux faisceaux ordinaire et extraordinaire, et de leur position relativement à l'axe optique du cristal.

Les physiciens ont jusqu'à présent expliqué ces résultats en admettant, entre les files moléculaires parallèles et perpendiculaires à l'axe, des files correspondantes de vides inter-moléculaires, selon lesquelles l'éther lumineux, devenant moins dense et par conséquent plus élastique qu'ailleurs, trouve plus de facilité à vibrer. Mais je fais remarquer qu'admettre que l'éther lumineux est moins dense dans les parties les moins denses, c'est admettre, non pas, comme l'ont fait ces physiciens, qu'il y est moins comprimé, puisque tous les pores d'un corps communiquent entre eux, mais qu'il y est moins attiré, et que c'est alors directement à la cause de la densité de cet éther, plutôt qu'à la diminution de cette densité dans les points voisins les plus denses, qu'il faut rapporter le sens des vibrations lumineuses transversales. Du reste, admettre l'influence des vides inter-moléculaires sur le sens de ces vibrations, c'est répartir ce sens sur une infinité de ces vides, quand même il puisse s'en rencontrer de plus grands, où les rayons seraient, d'après les physiciens en question, susceptibles de mieux vibrer : or, comment concilier une telle répartition avec l'état absolu de la polarisation de chaque faisceau ordinaire et extraordinaire ?

Ainsi c'est toujours à l'attraction, à l'attraction de nature électrique, qu'il faut rapporter la position bien déterminée des plans de polarisation des deux rayons obtenus dans un cristal bi-réfringent.

Il me reste à faire observer maintenant, pour en revenir aux particularités que présentent ces deux rayons, que le rayon ordinaire, étant également attiré de chaque côté par les axes ou par les files atomiques axiques entre lesquelles il passe, ne doit jamais se dévier du plan commun d'incidence et de la réfraction ordinaire, et qu'offrant ses vibrations perpendiculairement à la section principale, il ne doit jamais présenter d'autre indice que celui de cette réfraction; mais qu'il ne peut en être de même de l'autre rayon qui, toutes les fois que le rayon incident est oblique relativement à l'axe, incline nécessairement vers les parties moléculaires les plus denses la direction de ses vibrations transversales, c'est-à-dire un de ses deux côtés les plus attractifs, ce qui rompt l'équilibre de l'attraction exercée sur ces deux côtés et fait par conséquent dévier le rayon vers l'axe.

On sent que, s'il s'agissait de la bi-réfraction dans un cristal négatif, au lieu de la bi-réfraction dans un cristal positif, il n'y aurait qu'à raisonner, pour arriver aux mêmes solutions, comme si les files atomiques les plus denses étaient, dans chaque molécule, en dehors de l'axe au lieu d'être dans l'axe lui-même.

On sent encore que, s'il s'agissait de la bi-réfraction dans un cristal à deux axes optiques, les modifications apportées à la structure du cristal dans les angles formés par ces deux axes, en apporteraient nécessairement à la position absolue et relative des plans de polarisation, mais que, sauf à tenir compte de ces modifications, la théorie de la bi-réfraction dans ces cristaux resterait fondée sur les principes que je viens d'exposer pour la théorie de la bi-réfraction dans les cristaux à un axe.

§ XXIX. — *De la polarisation chromatique.*

Un faisceau de lumière blanche polarisée se colore des plus vives nuances toutes les fois qu'il traverse, *sous certaines conditions*, une lame de substance bi-réfringente taillée parallèlement à l'axe et qu'on la polarise de nouveau après l'émergence.

Lorsqu'un faisceau de lumière blanche polarisée traverse une lame d'un cristal bi-réfringent taillé perpendiculairement à l'axe, si l'on regarde avec une plaque de tourmaline, on aperçoit une série d'anneaux concentriques très vivement colorés et, selon la position de la tourmaline, tantôt traversés par une croix noire et tantôt traversés par une croix blanche.

Fresnel a expliqué ces phénomènes découverts par Arago en 1811, en démontrant que l'inégale vitesse des rayons ordinaire et extraordinaire détermine des avances ou des retards entre les diverses ondulations, et par conséquent des interférences qui développent les couleurs.

Ainsi ces phénomènes se rapportent, d'une manière complexe, aux phénomènes déjà étudiés des interférences, de la polarisation et de la bi-réfraction, et n'ont dès-lors pour origine, comme je l'ai fait voir pour chacun de ces derniers, que des influences électriques, influences qui s'exercent tantôt entre les rayons lumineux, tantôt entre les divers faisceaux élémentaires qui les composent, et tantôt enfin entre ces rayons et ces faisceaux d'un côté et les molécules matérielles de l'autre.

§ XXX. — *De la polarisation circulaire.*

Lorsqu'un faisceau de lumière polarisée traverse perpendiculairement une plaque de *cristal de roche* taillé dans un sens perpendiculaire à l'axe, il reste encore polarisé après son émergence; mais son plan de polarisation est changé. Les plaques de certains cristaux le font tourner de droite à gauche, d'autres de gauche à droite par rapport au plan primitif de polarisation. C'est ce phénomène qui, d'abord étudié par Seebeck et par Arago dans le cristal de roche, et plus tard par M. Biot dans les liquides et les vapeurs, a reçu le nom de *polarisation circulaire.*

Observons que le cristal de roche est un cristal positif à un axe, et que, par exception à tous les autres cristaux bi-réfringents, il jouit de la bi-réfraction selon son axe.

Les lois que M. Biot a tirées de l'observation du phénomène en question obtenu sur des plaques de diverses épaisseurs d'un même échantillon et sur des plaques de divers échantillons, sont extrêmement remarquables ; les voici :

1° Pour toutes les plaques tirées d'un même cristal, la rotation du plan de polarisation est proportionnelle à l'épaisseur.

2° Quand un cristal tourne de gauche à droite ou de droite à gauche, la même épaisseur imprime toujours, à très peu près, la même rotation.

3° Les diverses couleurs du spectre éprouvent dans

leur plan de polarisation des rotations d'autant plus grandes qu'elles sont plus réfrangibles.

Fresnel a exposé, sur la polarisation circulaire, une théorie qui a paru satisfaisante jusqu'à présent. Selon lui, si deux systèmes d'ondes d'égale intensité et polarisés rectangulairement, c'est-à-dire dont les mouvements oscillatoires sont perpendiculaires entre eux, diffèrent dans leur marche d'un quart d'ondulation, le mouvement composé qu'ils imprimeront à chaque molécule, au lieu d'être rectiligne comme dans les deux faisceaux considérés séparément, sera circulaire et s'exécutera avec une vitesse uniforme : les molécules tourneront de droite à gauche lorsque le système d'ondes en avant aura son plan de polarisation à droite de celui du système d'ondes en arrière d'un quart d'ondulation, et elles tourneront de gauche à droite lorsque le premier plan sera à gauche du second, ou lorsque, les plans de polarisation restant disposés comme dans le premier cas, la différence de marche sera égale à trois quarts d'ondulation. Si la différence de marche, au lieu d'être un nombre pair ou impair de quarts d'ondulation, était un nombre fractionnaire, les mouvements vibratoires ne seraient ni rectilignes ni circulaires, mais elliptiques.

« On conçoit, dit M. Pouillet, que, dans cette rotation générale des molécules autour de leurs positions d'équilibre, elles n'occupent pas au même instant les mêmes points des circonférences qu'elles décrivent, vu le mouvement progressif des ondes. Pour se représenter leurs positions relatives, il faut concevoir que celles qui étaient sur une même droite parallèle au rayon, dans l'état d'équilibre, se trouvent maintenant placées sur une hélice très étroite, décrite autour de cette ligne droite comme axe, et dont le pas est égal à la longueur d'une ondulation. Si l'on fait tourner maintenant cette hélice autour de son axe d'un mouvement uniforme, de manière qu'elle décrive une circonférence dans l'intervalle de temps pendant lequel s'accomplit une ondulation lumineuse, et que l'on conçoive d'ailleurs que, dans chaque tranche infiniment mince perpendiculaire au rayon, toutes les molécules exécutent les mêmes mouvements et conservent les mêmes situations respectives, on aura une idée exacte du genre de vibrations qui constitue la polarisation circulaire. »

Mais Fresnel, dont, on le verra bien, je ne partage pas toute la manière de voir, est resté dans l'abstraction relativement à ce phénomène, et n'en a pas recherché la cause spéciale inhérente au cristal de roche ou aux autres corps qui le produisent.

Je vais d'abord rechercher pourquoi la bi-réfraction a lieu selon l'axe.

Si le cristal de roche est un cristal positif, il attire en fait, dans toutes les positions d'incidence, le rayon extraordinaire vers son axe optique. Certainement, quand le rayon incident tombe perpendiculairement sur la section perpendiculaire à l'axe, le cristal en question semblerait devoir, comme les autres cristaux bi-réfringents, confondre dans l'axe les deux rayons ordinaire et extraordinaire; mais il n'en est rien : la bi-réfraction a lieu comme si le rayon incident n'avait pas pénétré parallèlement à l'axe. Il faut donc que celui-ci ne soit pas dirigé dans le cristal de roche selon une ligne droite; il faut, pour que le rayon extraordinaire puisse ainsi se dévier, que cet axe contracte une certaine obliquité dans son trajet, obliquité telle que le plan de polarisation de ce rayon soit constamment, malgré sa rotation, perpendiculaire à la ligne générale de l'axe. Voyons quel peut être ce genre d'obliquité.

Le plan général de polarisation du rayon incident ne reste pas dans sa position primitive à mesure qu'il pénètre dans le cristal; il tourne, soit à droite, soit à gauche, selon les échantillons, et son changement de position se trouve d'autant plus prononcé à l'émergence, d'après les trois lois de M. Biot, que le cristal est plus épais et que le rayon, s'il est homogène, est de sa nature plus réfrangible. Eh bien! il résulte évidemment de là que, dans le cristal de roche, l'axe n'est réellement pas dirigé en ligne droite, mais qu'il est tordu sur lui-même de manière à présenter une ligne spirale.

Ainsi la cause de la bi-réfraction réside encore ici dans le *maximum* de la densité du cristal selon l'axe, mais selon un axe d'une forme particulière, d'où dérive un phénomène tout particulier de double réfraction.

Voyons maintenant quelle peut être, dans le même cristal, la cause de la rotation du plan général de polarisation du rayon incident.

Si la forme de l'axe est telle que je viens de la déterminer par induction, il est clair que le plan de polarisation du rayon extraordinaire doit tendre à tourner selon la torsade de l'axe, qui, dans tel échantillon, peut être dirigé de gauche à droite et, dans tel autre, de droite à gauche. Mais, il faut le dire, ceci ne préjuge encore rien quant à la direction du plan général de polarisation du rayon incident; car il y a encore à examiner ce qui a lieu pour le rayon ordinaire. Le plan de polarisation de ce rayon est primitivement subordonné, nous le savons déjà, au parallélisme exact des deux axes entre lesquels il passe, plutôt qu'à leur forme; il est primitivement parallèle à la section principale et perpendiculaire au plan de polarisation du rayon extraordinaire, et il semble devoir rester fixe. Cependant il n'en est rien : dans le cristal de roche taillé perpendiculairement à l'axe, ce plan tourne; il semble aller constituer un plan commun avec le plan de polarisation du rayon extraordinaire, ou plutôt, selon Fresnel, il tourne en sens inverse de celui-ci, ce qui équivaut à une polarisation rectiligne. Voyons donc ce qui doit se passer pour qu'il en arrive ainsi. Au moment de l'incidence du rayon complet, il y a écartement de ses deux faisceaux ordinaire et extraordinaire, l'un se polarisant parallèlement et l'autre perpendiculairement à la section principale; mais cet écartement n'est pas tellement considérable à ce moment, que les ondes auparavant superposées des deux faisceaux se séparent complètement l'une de l'autre; il n'est pas tellement considérable, que si l'une d'elles, l'extraordinaire, est en retard sur l'ordinaire d'une certaine fraction d'ondulation, la demi-ondulation antérieure de la première ne se rencontre avec la demi-ondulation postérieure de la seconde. Eh bien ! si, dans la position relative de ces deux ondes qui sont ainsi en partie superposées et qui le seront encore longtemps, vu le peu de divergence des deux faisceaux, l'onde extraordinaire vient à éprouver un mouvement de rotation, par l'effet de l'action attractive exercée sur elle par l'arête de la spirale de l'axe, arête qu'elle doit suivre dans toutes ses circonvolutions, et à faire tourner dans le même sens la molécule d'éther qu'elle affecte, il est aisé de voir qu'elle imprimera un mouvement de rotation, en sens inverse du sien, à la partie d'éther occupée par l'onde de l'autre faisceau qui lui est partiellement superposée, et qu'alors les deux plans de polarisation éprouveront un mouvement circulaire, en sens inverse l'un de l'autre, ce qui, d'après les travaux de Fresnel, équivaut, pour la molécule d'éther, à une polarisation rectiligne.

Observons que, dans ce mouvement circulaire de l'onde ordinaire autour de l'onde extraordinaire, la première aura à faire le tour de la seconde, pendant que celle-ci fera le tour de l'axe; car, si cela n'était pas, il viendrait un moment où les deux plans de polarisation se trouveraient dans la même parallèle, et où, par conséquent, les deux parties d'ondes superposées interféreraient : or cette interférence n'a jamais été observée; ce qui prouve, du reste, que les deux plans de polarisation restent constamment perpendiculaires l'un à l'autre.

Observons enfin que le plan rectiligne de polari-

sation résultant des deux mouvements circulaires en
sens inverse des plans des ondes superposées tournera dans le sens de la spirale de l'axe, dès l'instant
que c'est l'influence de cette spirale qui détermine
le sens de rotation de l'onde extraordinaire et par
conséquent ses rapports invariables avec la résultante
des deux polarisations circulaires en sens inverse.

Si l'on se demande maintenant par quel procédé
l'onde extraordinaire peut imprimer un mouvement
de rotation à l'onde ordinaire, alors que cependant
les ondes lumineuses ne sont pas considérées comme
des corps pondérables, il sera facile de se représenter ce procédé en se rappelant que les vibrations lumineuses ont une origine électrique, et en considérant dès-lors que l'onde extraordinaire affecte élec-
triquement un point de la molécule d'éther occupée
par l'onde ordinaire aussi bien que peut le faire
celle-ci, et que si, dans ces conditions, la première
vient à tourner, elle a nécessairement à opérer un
mouvement d'entraînement sur ce point de molécule, de manière à faire tourner la totalité de celle-ci
dans un sens contraire au sien.

On vient de le voir, j'ai pris en considération et
j'ai compris dans ma théorie la cause primordiale et
matérielle de la polarisation circulaire. Par là j'ai
pu, non pas attribuer, comme l'a fait Fresnel, le
mouvement circulaire de l'onde ordinaire à une impulsion purement oscillatoire et rectiligne de l'onde
extraordinaire, impulsion qui a lieu sans doute, mais
qui a lieu dans tous les cristaux bi-réfringents quelle
que soit leur nature, et non pas seulement dans le

cristal de roche comme le suppose Fresnel, et dont l'effet doit être détruit par le mouvement oscillatoire à son retour; mais l'attribuer à un mouvement circulaire décidé, provoqué par la cause concrète et incessante de la polarisation circulaire, à savoir : la forme spiroïde de l'axe d'un cristal de roche. C'est que cet axe, faut-il le répéter, comme la partie la plus dense et par conséquent la plus électro-négative du cristal, sollicite sans cesse vers le centre de toute section qui lui est perpendiculaire les vibrations transversales des ondes extraordinaires, ce qui, à cause de la forme spiroïde de cette ligne centrale de molécules, fait sans cesse changer le sens de ces vibrations et par conséquent le sens des vibrations des ondes ordinaires, quand celles-ci sont en partie superposées à celles-là. Du reste, l'adoption de la théorie de Fresnel obligerait d'admettre une différence de vitesse d'une fraction constante et déterminée d'ondulations entre les deux faisceaux pour pouvoir obtenir la polarisation circulaire; et je fais remarquer, en opposition avec cette manière de voir, que, du moment que deux faisceaux éprouvent des vitesses inégales dans un cristal bi-réfringent quelconque, les différences de vitesse sont progressives avec les épaisseurs parcourues, et non pas constantes et déterminées comme l'avait supposé Fresnel.

Je n'entrerai pas dans les détails de la théorie des changements de coloration obtenus, au moyen d'un prisme bi-réfringent analyseur, dans les images des deux faisceaux en question, à mesure que l'on fait

tourner le prisme dans un sens ou dans un autre.
Il me suffira de faire concevoir ces changements en
faisant remarquer que, d'après la 3e loi de M. Biot,
les plans de polarisation des divers rayons homogènes qui composent chaque faisceau exécutent leur
mouvement de rotation avec d'inégales rapidités,
ce qui, à chaque phase de la rotation du prisme,
doit déterminer dans chaque faisceau l'apparition
d'une certaine couleur qui n'est pas celle de l'autre
faisceau, mais qui lui est constamment complémen-
taire.

RÉSUMÉ ET CONCLUSION.

Dans la première partie du travail que l'on vient
de lire, j'ai d'abord recherché les faits, çà et là dispersés dans les livres de physique et de chimie, qui
pouvaient me démontrer que le calorique et la lumière exercent sur les corps pondérables une influence électro-positive. Ces faits, dont la valeur
n'a été souvent manifeste que moyennant certaines
interprétations, se sont présentés en assez grand
nombre; il en est parmi eux qui m'ont même démontré que le calorique exerce sur les corps une influence moins électro-positive que la lumière, tandis
que d'autres me faisaient voir que les rayons élémentaires calorifiques ou lumineux jouissent d'une
influence d'autant plus électro-positive qu'ils sont
plus réfrangibles. Quatre lois générales ont ensuite
formulé les résultats de l'induction qui devait ressortir d'une pareille analyse.

Dans une seconde partie, ces quatre lois, rapprochées d'une cinquième loi fort connue en physique et en chimie, m'ont conduit à une large synthèse dont je reproduis l'exposé :

Les divers corps impondérables ou pondérables sont électro-positifs ou électro-négatifs les uns par rapport aux autres. Les trois impondérables, électricité positive, lumière et calorique, sont électro-positifs relativement à tous les corps pondérables. Le premier est plus électro-positif que les deux autres, le second plus que le troisième.

Les rayons élémentaires lumineux ou calorifiques sont d'autant plus électro-positifs qu'ils sont plus réfrangibles.

J'ai dû faire découler de cette synthèse de nombreuses et importantes déductions sur la causalité d'un très grand nombre de phénomènes physiques ou chimiques, et en faire par là une sérieuse et utile vérification.

J'ai d'abord tâché de déterminer *les rapports statiques généraux des impondérables avec la matière;* ces rapports m'ont paru être ceux-ci : l'électricité positive, la lumière et le calorique sont des agents électro-positifs qui siégent et qui peuvent circuler dans les interstices de la matière; mais l'électricité négative, qui est un agent effectif, est l'électricité propre aux atomes matériels, et c'est elle qui attire et retient autour de ceux-ci ces agents et qui, dans une pareille position, contribue pour le moins à neutraliser leurs manifestations.

Les *tensions électriques* se sont expliquées par

l'accumulation du fluide électro-positif là où elles sont positives, et par l'isolement plus ou moins prononcé de l'électricité négative ou atomique là où elles sont négatives.

L'attraction moléculaire a été considérée comme le résultat, dans tous les corps simples ou composés, de l'action adhésive du fluide électro-positif interstitiel à l'égard des atomes qui l'entourent, et de plus, dans les corps composés, de l'action réciproquement attractive des atomes de diverse nature.

J'ai reconnu que, dans les deux grands ordres des corps simples, ceux-ci sont en général d'autant plus *denses* qu'ils sont plus électro-négatifs. Ce fait devait être une conséquence du procédé de l'attraction moléculaire, tel que je viens de le décrire (1).

Il est constaté en électro-chimie que les atomes

(1) J'ai déjà dit, paragraphe v, que, si les densités se montrent en général, comme les poids atomiques, en raison des pouvoirs électro-négatifs des corps, on peut affirmer que le rapprochement des atomes est aussi généralement en raison de ces pouvoirs ; car, s'il n'en était pas ainsi, le moindre défaut de rapport entre ce rapprochement et les poids atomiques modifierait le volume des corps et aboutirait par conséquent à des aberrations de rapport entre les poids atomiques et les densités. J'aurais dû ajouter toutefois qu'une seule circonstance pourrait, si elle était dans l'ordre des choses, déterminer un rapport constant entre les poids atomiques et les densités, sans que pour cela il y eût besoin d'un rapport entre le rapprochement des atomes et leurs poids ; cette circonstance serait l'égalité de distance des atomes dans les divers corps : or cette circonstance n'existe pas, le rapprochement des atomes varie d'un corps à un autre, puisque nous savons que, par un même degré de température, la dilatation varie aussi dans les divers corps.

des corps sont associés à d'égales quantités d'électricité, autrement dit, que l'*électricité spécifique* est *une* pour tous les atomes. Cela doit être si les densités sont généralement en raison des pouvoirs électronégatifs ; ce qui limite proportionnellement les vides inter-atomiques susceptibles de recevoir l'électricité positive, et fait du reste que chaque corps conserve une nuance électrique propre.

Plusieurs faits sont venus appuyer cette opinion que les procédés des *attractions terrestre* et *sidérale* sont identiques à celui de l'attraction moléculaire, et qu'en conséquence le mécanisme de l'*attraction universelle* peut se résumer ainsi : un fluide ou un éther électro-positif répandu dans tout l'univers, et pénétrant dans tous les vides, rallie les atomes, les corps et les masses qui sont par rapport à lui électro-négatifs, et forme ainsi de toutes les parties de l'univers un système un et harmonique.

Les *combinaisons chimiques* ont été jugées comme étant toujours le résultat d'un procédé électrique. Dans l'association de deux atomes de nature différente, le plus électro-négatif attire le moins électro-négatif et plus vivement encore son atmosphère d'électricité positive, ce qui fait qu'il se surcharge, avec le produit de la combinaison, de cette électricité, et que l'autre atome, l'atome le moins électro-négatif, témoigne une tension électro-négative.

D'après les faits, j'ai dû considérer les *affinités électives* non-seulement comme une des causes de l'exaltation du mouvement électrique, mouvement qui constitue leur moyen d'action, mais encore comme des circonstances qui impriment un cachet spécial à ce mouvement dans le sens de l'action élective, ce qui, avec d'autres faits, m'a fait admettre une électricité spéciale pour chaque corps.

La théorie de la *pile* a été une conséquence de celle des combinaisons chimiques : le métal le plus attaqué par le liquide électro-négatif prend l'électricité positive à l'autre métal, puis la transmet au produit formé et au liquide, qui vont la rendre au métal le moins attaqué, et ainsi de suite.

Les *courants électriques* n'ont consisté que dans la transmission pure et simple de l'électricité positive dans les conducteurs; ce qui a parfaitement rendu compte de leurs effets mécaniques de transport, et plus tard de leurs effets chimiques, magnétiques, calorifiques et lumineux.

Les *décompositions chimiques* ont été appréciées comme étant toujours les résultats de courants électriques-dissolvants, entraînant plus vite l'électricité positive inter-atomique que les atomes, et plus vite les atomes les moins électro-négatifs que les plus électro-négatifs; de sorte que les premiers de ces atomes se sont trouvés surchargés d'électricité positive et se sont portés au pôle négatif, tandis que les seconds ont pris une tension électro-négative et se sont portés au pôle positif.

On sait que, lorsqu'un corps se décompose, il donne lieu à des dégagements d'électricité; j'ai dès-lors dû juger que lorsque l'état de combinaison des corps est très instable, comme cela se présente, par exemple, dans la matière organisée morte, l'acte de décompo sition qui a atteint quelques molécules peut, en y donnant lieu à de nouveaux courants dissolvants, se propager avec la plus grande facilité aux molécules suivantes et de celles-ci à d'autres par le même procédé. Tel a été le mécanisme de la *putréfaction*.

Le mouvement rotatoire qui, sous l'influence d'un courant, s'opère dans une partie de l'atmosphère d'électricité positive qui entoure les atomes, m'a parfaitement rendu compte des *phénomènes électro-magnétiques*.

Je n'ai pu concevoir *les actions réciproques des courants les uns sur les autres*, sans admettre une polarisation magnétique des atomes des conducteurs et sans m'en rendre compte.

C'est à l'influence successive du mouvement rotatoire des atomes et puis de leur polarisation magnétique que j'ai essayé de rapporter les *phénomènes d'induction*.

Si la terre tourne de l'ouest à l'est, et s'il existe dans l'espace un fluide ou un éther électro-positif, comme je l'ai admis dans la théorie de l'attraction universelle, ce fluide ou éther peut être considéré comme constituant, par rapport à la terre en mouvement, un immense courant allant en sens inverse de la direction rotatoire de ce globe; ce qui explique suffisamment le *magnétisme terrestre*, à la causalité duquel doivent toutefois contribuer les courants émanés de l'influence calorifique et lumineuse du soleil et de l'influence calorifique du centre de la terre.

La loi du *calorique* et de la *lumière spécifiques* a

été l'analogue de celle de l'électricité spécifique.
Comme les capacités des corps pour chacun des impondérables sont en raison directe du nombre des
atomes, mais comme ce nombre est lui-même en
raison inverse des poids atomiques, ce qui veut dire
aussi généralement en raison inverse des pouvoirs
électro-négatifs, la conclusion capitale de ces lois
est que les capacités en question sont généralement
en raison inverse des pouvoirs électro-négatifs.

Le calorique m'a semblé devoir faire *dilater* les
corps et devoir *favoriser* leurs *combinaisons* en dé-
plaçant leur électricité inter-atomique : mais comme
il est lui-même un agent électrique, c'est-à-dire attractif, il m'a paru n'être qu'un agent relatif de dilatation ou de répulsion.

*Les divers moyens artificiels qui produisent du
calorique et de la lumière* m'ont paru devoir être
rapportés aux deux suivants : à ceux qui font brusquement diminuer les capacités des vides inter-atomiques des corps, et à ceux qui y font établir ou
circuler des courants. Les premiers expriment,
pour ainsi dire, les corps pour en faire sortir les
impondérables qu'ils contiennent; les seconds font
accumuler l'électricité positive dans les obstacles
moléculaires rencontrés par les courants, ce qui en
déplace les deux autres fluides. Dans la combustion,
c'est le corps le plus électro-négatif qui m'a semblé
devoir émettre le plus de ces deux fluides, puisqu'il
est celui qui se surcharge d'électricité positive.

Il est aujourd'hui admis en physique que la *propagation du calorique et de la lumière* se fait par

procédé d'ondulations, et non pas par procédé d'émission. J'ai ajouté une nouvelle preuve à cette manière de voir, et j'ai admis l'existence d'un éther plus électro-positif que les atomes de la matière, mais plus électro-négatif que les fluides impondérables, servant de gangue ou de matrice à ceux-ci, et susceptible de vibrer, tantôt sous l'influence du fluide électro-positif, et tantôt sous les influences électro-positives mais spécialisées des fluides calorifique et lumineux.

Les *aurores polaires* ont été pour moi le résultat de la vibration lumineuse de l'éther par l'effet de la convergence vers la partie raréfiée de l'atmosphère qui couronne les régions polaires, des courants thermo-électriques provoqués par les énormes différences de température que l'on observe de l'équateur aux pôles.

J'ai dû attribuer les phénomènes des *interférences* et de la *diffraction* au fréquent désaccord de la polarité électrique entre les ondes lumineuses des rayons qui viennent à se superposer.

C'est à l'attraction exercée par les atomes des corps transparents sur les rayons lumineux, attraction de nature électrique, par conséquent généralement proportionnelle aux densités, que j'ai dû rapporter le phénomène de la *réfraction*. Je n'ai pu le rapporter, comme le font aujourd'hui la plupart des physiciens, à la diminution de la vitesse des rayons dans les corps transparents. Cette circonstance n'est d'ailleurs qu'un effet de l'attraction en question.

Les *raies du spectre solaire* ont été attribuées à la

réaction réciproque, de nature électrique, des rayons de différentes réfrangibilités.

Il m'a été permis, à l'aide d'une loi fort connue en électro-chimie, de considérer la *réflexion* de la lumière comme un effet de la tension accidentellement électro-négative des ondes lumineuses qui sont immédiatement consécutives aux ondes absorbées ou réfractées.

La *polarisation* de la lumière consiste, comme on le sait, dans l'exercice des vibrations transversales des ondes de l'éther selon une même direction : eh bien ! sa cause a résidé, pour moi, dans les différences gradatives de la qualité électrique des rayons élémentaires disposés dans chaque onde lumineuse selon leur ordre de réfrangibilité. Cette manière de voir m'a permis d'expliquer la plupart des circonstances qui se rattachent au phénomène de la polarisation.

La solution du problème de la polarisation m'a conduit à la détermination du *sens des vibrations lumineuses*, qui n'est pas seulement transversal, comme on l'avait dit.

Pour expliquer le phénomène de la *double réfraction*, j'ai fait voir : 1° qu'il y a deux directions dans un cristal bi-réfringent, selon lesquelles les molécules paraissent devoir exercer l'attraction électrique réfringente sur un rayon incident donné ; 2° que les deux faisceaux qui composent normalement ce rayon sont et doivent être diversement polarisés d'après l'influence de la structure particulière des cristaux bi-réfringents, et en conséquence qu'ils sont chacun diversement influencés par les deux causes attractives en question, ce qui les fait séparer.

Les phénomènes de la *polarisation chromatique* sont encore rentrés dans les lois de l'électricité, puisqu'ils dépendent d'une manière complexe des phénomènes étudiés des interférences, de la polarisation et de la double réfraction.

Enfin, la *polarisation circulaire* m'a paru dépendre d'une particularité de structure de certains corps bi-réfringents, d'après laquelle, dans la double réfraction qu'y éprouverait un rayon les pénétrant selon certaines conditions, le plan de polarisation aurait à tourner autour d'un axe cristallographique contourné en hélice. Cet axe, comme la partie la plus dense et par conséquent la plus électro-négative du corps, solliciterait sans cesse, vers le centre de toute section qui lui serait perpendiculaire, les vibrations transversales du rayon extraordinaire, ce qui, à cause de la forme spiroïde de cet axe, ferait sans cesse changer le sens de ces vibrations et par conséquent le sens des vibrations des ondes du rayon ordinaire en partie superposées aux ondes du rayon extraordinaire.

Je puis conclure de cette analyse, de cette synthèse et de ces déductions, que le mouvement électrique est en action, soit comme cause essentielle, soit comme cause déterminante, dans les attractions moléculaire, terrestre et sidérale, dans toutes les actions chimiques, dans les phénomènes calorifiques et lumineux et dans certains phénomènes magnétiques, et que si son action déterminante n'est pas encore rendue bien évidente dans le magnétisme permanent, du moins l'influence des aimants sur sa manifestation ressemble tellement aux phénomènes d'induction, qu'il y a tout lieu de penser que le mouvement électrique est aussi la cause déterminante de ce magnétisme, si toutefois le magnétisme n'est pas lui-même une propriété de l'électricité.

On le voit, les solutions que je viens d'obtenir ne démontrent rien moins que la *généralisation* du principe de *l'attraction* dans les diverses circonstances phénoménales physiques et chimiques; elles viennent spécifier son mode d'action, qui est le *mode électrique*, dans une foule de cas où il n'avait pas été spécifié; et, dans certaines circonstances, sans jamais dénier à ce mode son caractère général, elles lui reconnaissent du moins des traits *spéciaux*. Ma nouvelle théorie rallie donc à la cause attractive cette moitié de la physique qui, depuis la belle conception de Newton, lui était restée dissidente; elle l'y rallie par un trait commun, et ce trait, c'est une cause dont le mode essentiel d'action était sans doute fort connu, mais dont les rapports avec les divers agents avaient besoin d'être mieux étudiés pour pouvoir satisfaire aux solutions auxquelles je viens d'arriver. *Ainsi, ces mouvements si variés de fluides impondérables et de matière brute, que l'on observe dans le magnifique résultat de la création, paraissent être tous sous la dépendance de l'électricité.*

FIN.

TABLE DES MATIÈRES.

FIN DE LA TABLE.

9 782013 478533